T0191466

EL GUSTO POR LA BELLEZA

EL GUSTO POR LA BELLEZA

Biología de la atracción

Michael J. Ryan

Traducción de Dulcinea Otero-Piñeiro

Antoni Bosch editor

Antoni Bosch editor, S.A.U.
Manacor, 3, 08023, Barcelona
Tel. (+34) 93 206 07 30
info@antonibosch.com
www.antonibosch.com

Título original de la obra: *A Taste for the Beautiful*

ISBN: 978-84-948860-0-3
Depósito legal: B. 20343-2018

Diseño de la cubierta: Compañía
Maquetación: JesMart
Corrección de pruebas: Ester Vallbona
Impresión: Prodigitalk

Impreso en España
Printed in Spain

A la memoria de Stan Rand, compañero de viajes

En agradecimiento al
Instituto Smithsoniano de Investigaciones Tropicales

Índice

Prólogo

Soy científico. Esta labor me brinda la oportunidad de intentar comprender una pequeña fracción del mundo natural. También soy profesor. Esta tarea me permite explicar a otros mis descubrimientos en el ámbito de las disciplinas en las que trabajo, el comportamiento y la evolución animal. Mis oyentes suelen ser estudiantes de universidad y otros científicos, aunque a menudo doy conferencias para un público más general y con bastante frecuencia explico lo que hago a amistades y familiares sin ningún bagaje científico. Con frecuencia me encuentro con que la forma en que la belleza sexual se manifiesta en la naturaleza y lo que vamos descubriendo a partir de experimentos en laboratorio sobre cómo y por qué evolucionó la belleza sexual son temas que despiertan la curiosidad de mucha gente, con independencia de su formación académica. Escribí este libro con la intención de compartir con un público mucho más amplio estas historias sobre la belleza sexual, algunas procedentes de mi investigación, pero en su mayoría procedentes de los estudios de otros.

Tengo una gran deuda de gratitud con muchas personas. Marc Hauser fue el primero en proponerme que escribiera este libro y ha ejercido como crítico severo y constructivo durante todas las fases de su preparación. Una estancia en el Instituto de Estudios Avanzados de Berlín me brindó la oportunidad de proyectar este libro, y durante toda la fase de planificación recibí valiosos comentarios de Karin Akre, Robert Trivers, Idelle Cooper, Doug Emlen, Eric Lupfer (mi agente en William Morris Enterprises) y Alison Kalett (mi editora en Princeton University Press). Marc Hauser e Idelle Cooper leyeron el borrador íntegro, y Alison Kalett y Karin Akre hicieron lo propio y aportaron, además, minuciosos comentarios editoriales.

Durante las últimas fases de redacción de este libro sufrí un accidente grave que me dejó en silla de ruedas con una lesión en la médula espinal. No habría podido concluir este trabajo sin los expertos y generosos cuidados que recibí en el Hospital de Rehabilitación de St. David y en el centro Rehab Without Walls de Austin, Texas. Quiero manifestar mi eterno agradecimiento al personal de ambas instituciones, al que siento como una segunda familia. Durante el tiempo que pasé en el hospital recibí un apoyo y una ayuda incondicionales para ejecutar diversas tareas relacionadas con el libro por parte de Emma Ryan, Lucy Ryan, Marsha Berkman, Sofía Rodríguez, Idelle Cooper, Mirjam Amcoff, Fernando Mateos Gonzalos, Karin Akre, Rachel Page, Caitlin Friesen, Tracy Burkhart, David Cannatella, May Dixon, Claire Hemingway, Ryan Taylor y Kim Hunter. Todas ellas personas muy especiales.

Las investigaciones propias que menciono en este libro recibieron financiación de la Fundación Nacional para la Ciencia de EE.UU., de la Institución Smithsoniana y de la Universidad de Texas. Todo mi agradecimiento a cada uno de estos organismos.

1
¿Por qué tanto alboroto con el sexo?

¡Siempre que contemplo una pluma de la cola de un pavo real me pongo enfermo!

CHARLES DARWIN

La naturaleza suele ir directa al grano. Pensemos en el sueño. Cuando me voy a la cama, me arropo entre las sábanas, reclino la cabeza sobre la almohada y desciendo al mundo de los sueños. No sigo un ritual para dormir, no bailo, no canto, no recito salmos ni me perfumo. Me voy a dormir sin más. Y eso mismo hace la mayoría de los animales. Para comer ocurre igual. Cuando un mono aullador encuentra una hoja comestible, la arranca y se la come; las garzas no tienen más que echar la cabeza hacia atrás y tragarse el pez que sacaron del agua, y el guepardo no ejecuta una danza conmemorativa antes de ponerse a devorar la gacela que acaba de tumbar, aunque para lograrlo haya alcanzado su plusmarca personal corriendo a 120 km/h. Cierto es que en ocasiones nuestra especie da más trascendencia al acto de alimentarse, sobre todo cuando esa comida coincide con un acontecimiento especial.

Pero la mayoría de las veces nos diferenciamos poco del mono, la garza y el guepardo. Tomamos un bocado, lo masticamos bien y lo tragamos. Gran parte de la vida de la mayoría de los animales es así: el objetivo consiste en ejecutar cada tarea sin más ni más.

El sexo es distinto: una aproximación directa para acabar cuanto antes no resultaría. En los humanos y la mayoría del resto de animales, el acto sexual viene precedido por prolongados rituales de cortejo. Casi todos nuestros rituales sexuales llevan una buena carga de accesorios, como velas y música, poemas y flores, y hasta una indumentaria especial. La lista no se acaba ahí, pero la del mundo animal no es menos variada. Los animales cantan y danzan, se perfuman, exhiben su colorido y hasta se encienden con la esperanza de atraer una pareja. Aunque nosotros nos diferenciamos por el empleo del lenguaje y de la tecnología durante el cortejo, la evolución ha desarrollado en todos los animales morfologías y comportamientos espectaculares y hasta obscenos para dotarlos de atractivos sexuales y de estrategias para la consumación. El colorido de las mariposas y los peces, los cantos de los insectos y las aves, los olores sexuales de las polillas y los mamíferos, todos estos elementos han evolucionado para el sexo. Lo mismo sucede con muchos de los rasgos de nuestra propia especie que hacen suspirar a las mujeres y dejan sin aliento a los hombres cuando en su camino se les cruza alguien de un atractivo impresionante. Estos aspectos de la belleza sexual no surgieron porque alarguen la vida de sus portadores, sino porque les permiten aparearse más y, por tanto, transmitir mayor descendencia y genes a la generación siguiente.

La belleza sexual está por todas partes, tejida en la trama de todos los animales con reproducción sexual. Los humanos perseguimos la belleza; pagamos por ella; juzgamos si los demás están agraciados con ella, y, si es así, los tratamos mejor. Tanto animales como humanos llegan a los máximos extremos para mostrarse bellos ante quienes los tienen que valorar. Los pavos reales desarrollan colas espléndidas que dejan rendidas a las pavas, los peces lucen colores vivos que acaparan la atención del sexo contrario; los grillos despliegan cantos cautivadores para sus parejas, y las arañas danzan y hacen vibrar sus telas para exhibirse. Los humanos somos más activos que la mayoría de los animales a la hora de acicalarnos con artificios. Para alcanzar la belleza sexual se utilizan perfumes, moda, coches y música, así como bisturíes y una farmacopea de medicamentos. Pero para realzar la belleza personal, ya sea mediante el lento y esmerado proceso de la evolución o mediante la gratificación más inmediata de la belleza de diseño, hay que tener alguna idea de qué es bello.

Este libro trata sobre la belleza sexual, de dónde proviene y para qué sirve. Desde luego, se ha escrito mucho para elogiar la belleza natural y los encantadores rituales de apareamiento que practican los animales salvajes. Esos textos suelen poner el énfasis en los detalles de los rasgos bellos del macho: ¿De qué le sirve al pavo real tener una cola tan larga? ¿Cuántos carotenoides debe ingerir un pez guppi *(Poecilia reticulata)* para lucir un color naranja intenso? ¿Cuántas sílabas es capaz de reunir un ave canora en su complejo repertorio vocal para resultar más atractiva a las hembras? Todas ellas son cuestiones interesantes, pero solo representan una mitad de la ecuación de la belleza sexual, porque dejan de lado lo que sucede dentro de la cabeza de quienes deben valorar esa belleza. Estos estudios suelen dar por supuesto que el cerebro de la hembra debe desarrollar instrumentos para descubrir qué es lo bello. Pero a menudo lo que ocurre es lo contrario. El cerebro cuenta con una larga historia evolutiva que introduce sesgos en su valoración de todo el mundo circundante, no solo el mundo del sexo, y el funcionamiento del cerebro ocurre dentro de un entramado de numerosas restricciones neurobiológicas y computacionales. En mi opinión, no es que el cerebro evolucione para detectar la belleza, sino que el cerebro determina qué es lo bello, y todas sus limitaciones y eventualidades dan lugar a una diversidad estremecedora de gustos sexuales dentro del conjunto de todo el reino animal. En este libro pondré de manifiesto que para saber qué es la belleza, es necesario desentrañar el cerebro que la percibe.

Ampliaré nuestro conocimiento de la belleza sexual revelando de qué manera las peculiaridades cerebrales de un animal generan sus gustos sexuales, los cuales, a su vez, condicionan la evolución de lo bello dentro de esa especie. En concreto, sostengo que la belleza solo existe porque complace la vista, el oído o el olfato de quien la observa; o, expresado de un modo más general, que *la belleza está en el cerebro del receptor.* Algunos de los circuitos neuronales del cerebro han evolucionado para percibir y reaccionar ante la belleza sexual con la finalidad de que los animales puedan encontrar una buena pareja. Pero el cerebro también tiene otras cosas en cuenta aparte del sexo. Otras adaptaciones del cerebro, como las que ayudan a un animal a encontrar alimento, a evitar que se lo coman o a reconocer la diferencia entre su madre y su padre, pueden tener consecuencias imprevistas pero relevantes en su definición de la belleza. Solo cuando se conoce la base biológica de la estética sexual se puede entender cómo condiciona esta última la evolución de la belleza sexual.

Mi perspectiva a este respecto es bastante particular, porque he dedicado los últimos cuarenta años al estudio del comportamiento sexual de una rana diminuta y de piel rugosa de América Central.[1] Este trabajo me ha abierto los ojos y la mente tanto a la diversidad de comportamientos sexuales en el reino animal como a una teoría integradora esencial desarrollada por mí y que he denominado *explotación sensorial.* La idea clave es simple: los rasgos del cerebro de la hembra que consideran atractivas ciertas notas de la llamada de los machos para el apareamiento existían mucho antes de que la evolución generara esas notas atractivas. Por tanto, las hembras son las titiriteras biológicas que inducen a los machos a emitir los cantos exactos que desea su cerebro. La belleza está en realidad en el cerebro del receptor, y en la mayoría de los casos eso equivale a decir que está en el cerebro de las hembras, aunque expondré numerosos casos en los que son los machos quienes valoran la belleza de las hembras, o en los que se da una exhibición y apreciación mutua de la belleza por parte de ambos sexos. Esta idea sencilla propició un cambio de paradigma en el estudio de la selección sexual, un paradigma que reconoce al fin la relevancia del cerebro sexual como impulsor de la evolución.

En este capítulo expondré algunos detalles sobre cómo ha llegado la ciencia a desentrañar la evolución de la belleza, y también explicaré qué sexo es el que suele desarrollar la belleza y por qué. En el siguiente capítulo me centraré en la rana de piel rugosa que ha ocupado gran parte de mi capacidad cerebral científica para ilustrar cómo se procede en ciencia para averiguar qué relación existe entre el cerebro y las conductas de apareamiento. El capítulo tres profundiza en cómo define el cerebro la belleza mediante el análisis de la evolución de los sistemas sensoriales y del procesamiento cognitivo de la información sensorial. Los capítulos cuatro a seis describen lo que se sabe acerca de la belleza visual, acústica y olfativa en todo el reino animal. El capítulo siete expone algunos fundamentos biológicos para respaldar la idea de que los perceptos de belleza son a veces caprichosos. Y en el capítulo ocho describo cómo algunos perceptos de belleza (lo que percibimos como bello) permanecen ocultos y desconocidos hasta que aparece el individuo adecuado para despertar esa atracción. Este razonamiento se amplía para explicar en términos evolutivos por qué determinados quehaceres humanos, desde la industria de la moda hasta la pornografía, han sido capaces de explotar esas preferencias ocultas. En el epílogo cierro el libro con algunos comentarios acerca de la base biológica de la belleza.

En nuestra búsqueda de respuestas sobre la belleza, exploraremos la naturaleza y viajaremos hasta lugares donde los científicos han estudiado algunos de los animales más increíblemente bellos del mundo. Demostraremos las premisas fundamentales de por qué fue necesario el desarrollo de la belleza sexual, y ahondaremos en los descubrimientos más recientes de la neurociencia relacionados con la manera en que el cerebro percibe la belleza. Las analogías entre animales y humanos tal vez nos animen a replantearnos nuestra propia estética sexual. Como ocurre con buena parte de la biología, el mejor punto de partida para empezar a reflexionar sobre la belleza sexual es Charles Darwin. Donde me apartaré de Darwin será en un terreno sobre el que él sabía muy poco: el cerebro.

* * *

Es difícil exagerar la repercusión que tuvo la teoría de la evolución por selección natural de Charles Darwin en nuestra concepción sobre el lugar que ocupa la humanidad dentro del universo. Constituye uno de los grandes logros intelectuales de la humanidad, al mismo nivel que la teoría copernicana de los movimientos celestes, las leyes físicas de Newton y la teoría de la relatividad de Einstein. Su obra *On the Origin of Species** se agotó en unos pocos días; ediciones subsiguientes continuaron vendiéndose durante décadas, y aún hoy sigue siendo una de las obras más citadas en todo el mundo.[2]

Lo más sorprendente de la selección natural es su brillante simplicidad, la cual se puede descomponer en tres ideas o principios. El primero, procedente de la obra de Thomas Malthus titulada *Essay on the Principle of Population*,** es que el ritmo de reproducción sobrepasa los recursos disponibles para sostenerla: no toda la descendencia sobrevive para reproducirse.[3] Consideremos un par de moscas domésticas que se cuelan en nuestra casa por una pequeña rotura en la mosquitera de la ventana. Este par podría engendrar una descendencia de quinientos individuos durante el mes que dura su breve existencia. Si toda su progenie y la futura progenie de esta lograra sobrevivir y reproducirse, seis meses

* Versión en castellano: *El origen de las especies por medio de la selección natural*, de Charles Darwin; Madrid: Alianza Editorial, 2009, trad. de Antonio de Zulueta. (*N. de la T.*)

** Versión en castellano: *Ensayo sobre el principio de la población*, de Thomas Robert Malthus; Madrid: Akal, 1990, trad. de José A. Moral Santín. (*N. de la T.*)

después estaríamos invadidos por unos dos billones de moscas cuyo peso conjunto superaría las 2.500 toneladas, y cuya masa corporal ocuparía más de 2.500 kilómetros cuadrados, un área casi del mismo tamaño que Luxemburgo. Por fortuna, esto no pasa, puesto que la mayoría de esas moscas muere y solo sobrevive un puñado de ellas.

El segundo principio es que la supervivencia no siempre es aleatoria. Algunos supervivientes simplemente tienen suerte (por ejemplo, los que no andan cerca cuando el matamoscas entra en acción). Pero otros sobreviven porque son «mejores», disponen de adaptaciones para zafarse del porrazo del matamoscas y llegan a reproducirse. Tal vez sean más sensibles al desplazamiento del aire causado por el matamoscas, o tienen músculos más robustos para alzar el vuelo que les permiten escapar antes de quedar aplastados. Pero son supervivientes y consiguen quedarse en la isla o, al menos, en nuestra casa.

El tercer principio es que si la variación en los rasgos de supervivencia tiene una componente genética, estos rasgos se transmitirán de un modo diferenciado a la siguiente generación. Por ejemplo, si las moscas supervivientes portan genes para tener músculos de vuelo más veloces, también los portará su descendencia. Esta descendencia será una nueva generación de moscas que volará más rápido, vivirá más tiempo y se reproducirá más. Así es como la selección natural da lugar a la evolución de rasgos de supervivencia. Ya toca arreglar ese agujero en la mosquitera de casa.

Cuando Darwin, junto con Alfred Wallace, formuló la teoría de la selección natural, nunca insinuó que lo explicara todo (jamás pensó que todos los rasgos de todos los individuos fueran una adaptación para la supervivencia).[4] Era consciente del poder de la cultura tanto en los animales como en las personas. Darwin también conocía la variación aleatoria, que se produce cuando formas alternativas de un mismo rasgo se pueden volver fijas en pequeñas poblaciones. Pero una cosa que no entendió, al menos no de forma inmediata, fue la cola del pavo real. Lo tenía tan consternado, según escribió al botánico Asa Gray, que lo ponía enfermo. Se sabe que Darwin caía enfermo con frecuencia y que, para colmo, era hipocondríaco, pero un malestar tan excesivo debido a algo tan fabuloso parece un poco exagerado.[5] La cola del pavo real es el ídolo de los estudios científicos sobre belleza animal, pero para Darwin era un claro recordatorio de que su teoría no conseguía explicar algo, y eso lo instó a desarrollar una nueva teoría para complementar la de la selección natural. A aquella teoría la denominó *selección sexual*.[6]

* * *

El pavo real es un ser fabuloso y hermoso. Inicia el cortejo de la hembra desplegando las plumas de la cola para formar un abanico que abarca más de 180 grados. Tiene doscientas plumas de hasta un metro veinte de largo adornadas con manchas en forma de ojo de tonalidades iridiscentes que las hacen brillar con un colorido espléndido a la luz del sol. Con las plumas erectas, el pavo real las sacude, las traquetea y las fricciona para que zumben como un motor y para que la vibración de las manchas en forma de ojo resulte hipnótica. Toda esta belleza se desarrolló para servir al sexo. Las pavas deben elegir pareja, y la evolución dotó a los pavos de esta belleza para competir mejor dentro de la feria sexual, donde solo se elige lo bello para que siga transmitiendo sus genes.

Cuando un pavo real se exhibe en todo su esplendor ofrece un espectáculo majestuoso tanto para nosotros como para las hembras de su especie. Pero, ¿has visto un pavo real volar o correr alguna vez? ¡Es patético! Arrastrando la cola tras de sí no es capaz de correr más rápido que un niño, no digamos ya un zorro, y apenas puede volar. Si Darwin tenía razón al afirmar que la selección natural produce adaptaciones para la supervivencia deshaciéndose de las debilidades, ¿de dónde salió esta monstruosidad, y por qué no se eliminó mucho tiempo atrás? Por eso una simple pluma infundía tanta inquietud en una de las mentes más excelsas de la ciencia. Pero era una fuerza mental, no física, la que le causaba aquella dolencia particular. La cola del pavo real planteaba un gran desafío a la teoría de la selección natural de Darwin, de modo que él desarrolló otra teoría para explicar cómo pudo evolucionar.

La cola del pavo real no fue el único desafío para el análisis de la evolución de la supervivencia de Darwin; aquello solo era la punta del iceberg. En su segunda obra más conocida, *The Descent of Man and Selection in Relation to Sex,** publicada doce años después de *El origen de las especies,* Darwin señaló que muchos animales, no solo los pavos reales, portan rasgos que parecen estar reñidos con el proceso de la selección natural. Muchos de esos rasgos también nos resultan bellos y se nos antojan superfluos para la supervivencia del animal en cuestión. Las luciérnagas se iluminan cuando pululan por un campo en la oscuridad; los grillos se pasan horas cantando durante las noches de verano; los peces de los arrecifes de coral exhiben tonalidades que atraen nuestra mirada; los coros de ranas anuncian la llegada de la primavera; los canarios cantan arias que han embelesado a sus parejas durante milenios y a los humanos durante siglos; el pájaro jardinero decora y colorea su alcoba con tanta creatividad que un estudioso llegó a compararlo con Matisse,[7] y el alce irlandés acarreaba una cornamenta de 40 kilos de peso con semejante demanda de calcio que tal vez fuera eso lo que acabó provocando su extinción.[8] Nosotros ya no estamos limitados por nuestra belleza sexual, puesto que invertimos miles de millones de dólares cada año en pintarnos, perfumarnos y adornarnos partes del cuerpo que nos vuelven más atractivos sexualmente. Nada de todo esto guarda relación alguna con mejorar la supervivencia.

Estos rasgos independientes de la supervivencia suelen compartir otras características comunes. La mayoría de ellos están más desarrollados en los machos que en las hembras; se suelen

* Versión en castellano: *El origen del hombre y la selección en relación al sexo,* de Charles Darwin; Barcelona: Crítica, 2009, trad. de Joandomènec Ros. (*N. de la T.*)

utilizar durante el cortejo o en las luchas para conseguir pareja, y, algo que obsesionó a Darwin en un principio, muchos de estos rasgos van en contra de la supervivencia. Darwin los denominó *caracteres sexuales secundarios* porque difieren de un género al otro y guardan relación con la reproducción, aunque no son cruciales para ella. La manera en que evolucionaron requería elaborar un poco más la teoría.

La selección artificial ofrece algunos ejemplos esclarecedores sobre cómo pudieron evolucionar esos llamativos caracteres sexuales. Este tal vez sea uno de los logros más importantes de la humanidad desde el dominio del fuego, y Darwin usó la selección artificial como una analogía de la selección natural. En la selección artificial, los humanos actuamos como agentes de selección. Nosotros decidimos qué rasgos serán objeto de selección para acabar consiguiendo los objetivos que establecemos de antemano. A menudo cruzamos organismos de forma selectiva con fines utilitarios, como la resistencia a enfermedades en cultivos o un mayor rendimiento cárnico en la ganadería. Pero también cruzamos animales para satisfacer nuestros gustos estéticos. En acuariofilia se cruzan peces de acuario con colores espectaculares y hasta se implantan genes ajenos para conseguir que algunos peces brillen en la oscuridad, y todos conocemos cruces de perros domésticos ideados por humanos para conseguir razas bonitas en lugar de funcionales.

Basándose en lo que intuyó a partir de la selección artificial, Darwin razonó que si las hembras de los animales también tienen su estética propia, sus estándares particulares de belleza, también ellas pueden ejercer una selección para mejorar la belleza de su especie. Si las hembras de canario se sienten atraídas por unos trinos más variados en el macho, los machos con trinos más diversos tendrán más descendencia y, por tanto, el canto de los canarios evolucionará para exhibir una diversidad mayor con el paso del tiempo. Si las hembras de pavo real apreciaban más belleza sexual en las plumas largas, elegirían a los machos con las plumas más largas, y, por tanto, fueron esos machos los que tuvieron más descendencia. Las generaciones futuras exhibirían colas cada vez más largas, aunque ese crecimiento de la cola aumentara el riesgo de depredación de los machos. Un pavo real con plumas cortas incapaz de convencer a las hembras para que se aparearan con él no pasaría sus genes a ninguna generación, aunque fuera lo bastante veloz como para huir de los zorros y alcanzara una edad avanzada. Las apreciaciones de Darwin en relación con estas cuestiones le permitieron desarrollar la teoría de la selección sexual usando la misma lógica que aplicó con la selección natural.

La supervivencia es secundaria al sexo, una mera adaptación que permite a los animales conservar la vida hasta tener una oportunidad dentro del mercadillo sexual. La clave de la selección sexual es que evolucionarán aquellos rasgos de belleza que mejoren las posibilidades reproductivas de un animal, aunque en cierto modo entorpezcan la supervivencia, siempre y cuando no resulten demasiado onerosos, siempre y cuando los costes que supongan para la supervivencia no superen los beneficios que conllevan para el sexo. Aunque en la mayoría de las especies hay una cantidad equivalente de machos y de hembras, no todos los individuos consiguen emparejarse. En muchas especies, algunos machos se aparean con más hembras de las que les corresponderían, mientras que la mayoría de machos muere virgen. El éxito reproductivo de un individuo está condicionado por el atractivo sexual que ejerza sobre sus parejas potenciales. El pavo real con la cola más larga, la rana con el canto más variado y la mosca de la fruta con un olor más sexi resultan más atractivos y son los elegidos por las hembras. Al igual que sucede con los rasgos de supervivencia, cuando la belleza sexual tiene una base genética, se transmite de generación en generación a medida que la evolución dota a los machos de ornamentos más seductores.

La fusión de las dos grandes teorías de Darwin, la de la selección natural y la de la selección sexual, supuso un gran avance para explicar la diversidad de la vida. Muchos rasgos únicos evolucionan porque atraen a más parejas. Por supuesto, ser lo bastante atractivo para que te elija una hembra no es la única manera de incrementar las posibilidades de reproducirse. Luchar contra la competencia también es un método eficaz. Este libro se centra en la evolución de la belleza sexual a través de la selección sexual, pero debo decir que la selección sexual también puede dar lugar a la evolución de armas sexuales para luchar contra la competencia para el apareamiento. Esta otra cara de la moneda de la selección sexual se explica con gran detalle en la obra de Douglas Emlen titulada *Animal Weapons: The Evolution of Battle.*[9] Pero ahora viajemos a las selvas nubosas de América Central para regresar al tema que nos ocupa, la belleza sexual, y en concreto a reflexionar sobre cómo contribuyen ambos sexos a favorecer este fenómeno.

* * *

Pensemos en el ave considerada la más bella del mundo. Los aficionados a la observación de aves de todo el mundo viajan a las selvas nubosas de América Central para contemplar el quetzal mesoamericano, o al menos el quetzal macho. La primera vez que vi uno en las montañas del oeste de Panamá, me temblaron las manos mientras intentaba sostener con firmeza los prismáticos para observarlo entre la bruma que envolvía el dosel forestal. El verde brillante del cuerpo estaba acentuado por un pecho de color rojo intenso, y aquel *collage* de colores se completaba con una mancha azul iridiscente en la cabeza, pero lo que me hizo temblar fue ver su espléndida cola bífida. Suspendido sobre nosotros en la fronda elevada parecía más una piñata mejicana que un animal de verdad. También vi un quetzal hembra, o quetzalí, pero aquello no me afectó. Ella carecía de todos los lujosos adornos del macho, y apenas le dediqué una segunda ojeada.

Aunque la diferencia de plumaje entre el macho y la hembra de quetzal difícilmente podría ser más extraordinaria, lo que los diferencia es algo más fundamental que el bello colorido de las plumas. Radica en lo más profundo de su ser, en sus gametos, las células que contienen copias de todo el ADN de los animales y que pueden fundirse con los gametos de una pareja para crear individuos nuevos y continuar con el ciclo de la vida. Los gametos del macho, su esperma, son las células más pequeñas de su cuerpo, y existen en grandes cantidades. Sin embargo, los gametos de la hembra, los óvulos, son las células más grandes de su cuerpo, y son más escasas. Esta diferencia en cuanto a tamaño de los gametos define los sexos de todos los animales, macho y hembra; todo lo demás es secundario, incluidos los órganos sexuales externos.

En los humanos y otros animales, a menudo se puede identificar correctamente el sexo biológico de un individuo a partir de los órganos sexuales. Los machos, con gametos pequeños, suelen tener pene, y las hembras, con gametos grandes, suelen tener vagina. Pero la identidad sexual humana depende de factores tanto culturales como biológicos, al igual que el desarrollo cerebral. Un individuo con gametos femeninos, por ejemplo, podría tener un cerebro masculinizado. En el caso de los humanos hay una diferencia entre el sexo y el género, ya que este último es un constructo cultural. Solo los humanos tienen identidad de género, un tema que retomaré más adelante. Pero incluso en el resto del reino animal, los órganos sexuales no siempre indican con acierto el sexo de un individuo, lo que convierte los gametos en algo crucial para determinar el sexo biológico.

Un ejemplo en el que los órganos sexuales crean confusión en relación con el sexo de los individuos es el de algunos insectos psocópteros. Los piojos de la corteza son insectos pequeños, del tamaño aproximado de una pulga, que se suelen encontrar comiendo algas y líquenes bajo la corteza de los árboles. Otros, a veces llamados *piojos de los libros*, se alimentan de la pasta que se utiliza para encuadernar libros. Un grupo más extraño de esta especie es menos conocido y se encuentra confinado en algunas cuevas de Brasil, donde sobrevive alimentándose de excrementos de murciélago. Pero lo interesante no es su alimentación, sino que las hembras tienen pene y, en consecuencia, los machos tienen vagina.[10]

Las hembras de los psocópteros utilizan el pene, igual que el resto de los animales, para introducirlo en la vagina del sexo contrario durante la cópula. Pero a diferencia del pene típico masculino, el pene de las hembras no deposita esperma. Se despliega para penetrar bien dentro del macho, donde se expande, fija en la pared vaginal del macho unas púas que lo recubren y efectúa una copulación que puede durar más de cuarenta horas. Las púas se sujetan con tanta fuerza al interior del macho que, cuando un investigador intentó separar una pareja en plena cópula, el macho se partió en dos. Durante este apareamiento maratoniano, el pene absorbe gran cantidad de esperma hacia el cuerpo de la hembra, donde acaba llegando hasta los óvulos y los fertiliza. A pesar de esta inversión de papeles en los órganos sexuales, no hay ninguna duda sobre el sexo de estas criaturas. Por definición, los machos son machos porque portan los gametos más pequeños, y las hembras son hembras porque tienen gametos más grandes. Cuando se trata de la identificación sexual en animales no humanos, todo se reduce al esperma y los óvulos, y la diferencia de tamaño entre ambos es la base de todas las demás diferencias entre los dos sexos y la razón por la que existe la selección sexual. Para entender la evolución de las diferencias sexuales, incluida la belleza sexual, hay que saber por qué es tan relevante la diferencia de tamaño entre ambos tipos de gametos.

Desentrañemos esta idea de que el tamaño de los gametos va unido a la evolución de la belleza sexual. El óvulo humano tiene un volumen 100 mil veces mayor que el del espermatozoide.[11] Si tienes los gametos más pequeños, puedes fabricar mayor cantidad de ellos; una mujer produce tan solo unos 450 óvulos maduros a lo largo de su vida, mientras que un hombre dispone de unos 500 mil millones de espermatozoides a lo largo de la suya. Como la fertilización únicamente requiere un espermatozoide y un óvulo, los óvulos son un recurso limitador. Además, cuando se fertiliza un óvulo femenino, pueden pasar semanas o meses hasta conseguir otra remesa disponible. Por otro lado, los machos reponen su suministro de esperma en cuestión de horas. En muchas especies, una vez que se fertilizan los óvulos de la hembra, esta queda fuera del juego de la reproducción mientras nutre al embrión que porta en su interior (un periodo temporal que consiste en un mes para un pez guppi, nueve meses en el caso de los humanos, y casi dos años en el de los elefantes). Mientras que las hembras están unidas a su embrión, los machos puede seguir apareándose. Al igual que ocurría con los insectos que tienen el sexo invertido, hay excepciones en los patrones de la selección sexual. Los machos de caballito de mar, por ejemplo, se quedan preñados, y el macho de un ave limícola tropical, la jacana, suele anidar mientras la hembra se aparea con más machos y aporta más huevos a sus nidos. Pero estos ejemplos no solo son excepciones a la regla general, sino que, como veremos más adelante, son las excepciones que confirman la regla general. Y la regla general es que en la mayoría de los sistemas de apareamiento hay un exceso de machos dispuestos a aparearse en cualquier instante temporal. Esta desigualdad da lugar a un mercadillo sexual donde muchos machos compiten por pocas hembras, un mercado formado por una abundancia de individuos aspirantes y un número limitado de individuos electores. Y todo esto porque los espermatozoides son más pequeños que el óvulo. Entonces, ¿qué puede hacer un macho para incrementar las posibilidades de que su esperma fertilice óvulos? ¿Cómo puede competir dentro del mercadillo sexual?

En algunos casos, los machos controlan un recurso que las hembras desean y necesitan, lo que a su vez confiere mayor atractivo a esos machos. Los machos controlan territorios donde abunda el alimento, las zonas de nidificación y refugios para protegerse de los depredadores, todo lo cual es importante para una hembra que aspira a reproducirse. Entonces las hembras pueden comprar y comparar los distintos recursos de los machos y aparearse con la opción más atractiva. Por supuesto, esos recursos no son gratuitos, puesto que los machos deben pelear por ellos, y en ocasiones con bastante bravura. Las armas que usan los machos en estas batallas son diversas, como ser más grandes y toda una variedad de colmillos, garras, cuernos y antenas. Los recursos que defienden también son múltiples, pero todos ellos resultan cruciales de un modo u otro para la reproducción. Por ejemplo, las libélulas macho defienden zonas acuáticas con vegetación flotante que las hembras necesitan para depositar los huevos; el macho del cangrejo violinista defiende madrigueras que sirven para refugiarse de los depredadores, así como para aparearse, y los hombres del pueblo kipsigis de Kenia y de muchas otras sociedades humanas acumulan riquezas de tipos diversos para reclutar mujeres con las que aparearse. Y el ganador se lleva el botín: los machos con más recursos tienen más probabilidades de ser los elegidos.

Aunque la defensa de los recursos es uno de los métodos a los que puede recurrir un animal para realzar su atractivo sexual, la mayoría del interés para la selección sexual se centra en la belleza del propio individuo. El despampanante macho de pavo real no es más que el principio. Ya he hablado de la cola del quetzal y del canto del canario, y a lo largo de este libro veremos más de cerca una diversidad increíble de rasgos que han evolucionado en nombre de la belleza sexual.

Hasta aquí he explicado cómo surgieron las teorías científicas de la selección natural y la selección sexual, por qué la selección sexual suele actuar en los machos, y de qué manera la selección sexual puede dar lugar a la evolución de la belleza. He defendido que para comprender la belleza hay que entender el cerebro del que la contempla, pero aún debo mostrar cómo se puede estudiar esta relación entre la belleza y el cerebro. Ahora me centraré en una sola especie, la que me introdujo en este campo y me condujo a empezar a analizar las bases neuronales de la estética sexual. Este ejemplo fascinante de selección sexual que favorece la evolución de la belleza acústica procede de una rana de aspecto muy modesto, pero de voz muy atrevida. En el próximo capítulo veremos en detalle cómo la estética sexual de una hembra puede motivar la evolución en el macho de una voz verdaderamente atractiva, aunque un tanto temeraria. Ahondaremos en su funcionamiento cerebral así como en su historia evolutiva para desvelar por qué aprecia tanta belleza en esa voz del macho.

2
¿A qué vienen tantos gemidos y chasquidos?

Cucú, cantaba la rana, cucú, debajo del agua…

Canción popular infantil

Aquello fue una orgía… o algo parecido. Pero, como suele ocurrir, no había suficientes hembras para todos. Así que los machos tuvieron que competir por ellas, pero no fue aquella una competición basada en la fuerza. No hubo carreras a pie ni pulsos ni mamporros de un macho a otro. Aquello fue una pugna de belleza, y la belleza radicaba en la voz de los machos. Los machos empezaron a cantar y sus voces sonaron cada vez más alto hasta que las oberturas dirigidas a las hembras cobraron mayor riqueza con más variedad de notas. Y todo por el sexo.

Mi apasionado interés personal por la belleza sexual comenzó en una franja de tierra que conecta los dos grandes continentes del hemisferio occidental. Hasta tiempos recientes, al menos en términos geológicos, América del Norte y América del Sur estaban separadas por un hueco que ahora ocupa Panamá, pero por el que en el pasado circulaban los océanos Atlántico y Pacífico. Este hueco permitía a los animales de cada océano mezclarse y cruzarse libremente, pero interrumpía la interacción entre los organismos terrestres, lo que les permitió evolucionar en un aislamiento magnífico.[1] Sin embargo, aquel aislamiento no duró. Las placas tectónicas del Pacífico y el Caribe se acercaron entre sí; los continentes colisionaron, y unos tres millones de años atrás se formó el puente de tierra de Panamá. Se cree que esta unión del norte y el sur fue uno de los acontecimientos geológicos más relevantes de los últimos sesenta millones de años, el tiempo transcurrido desde que un asteroide chocó contra la Tierra y causó una extinción masiva a escala mundial. La interrupción de ambos océanos entre continentes alteró la circulación de las corrientes y conllevó un cambio climático repentino. La consecuencia más drástica de la unión entre América del Norte y del Sur fue el surgimiento de una vía que permitió que los mamíferos de menor tamaño de América del Norte invadieran el sur y diezmaran la fauna mamífera increíblemente diversa de América del Sur, incluidos perezosos gigantes del tamaño de elefantes.

El puente de tierra de Panamá también supuso un inconveniente para los humanos. Convirtió la navegación entre las dos costas de América del Norte en un viaje penoso. Para viajar desde Nueva York a San Francisco, por ejemplo, los buques debían bordear la punta de Tierra del Fuego, situada a algo menos de mil kilómetros de la península Antártica. La solución consistió en deshacer el puente de tierra de Panamá para volver a separar el norte del sur, pero esta vez con un canal artificial que conectara el Atlántico con el Pacífico.

El canal de Panamá tiene una historia movidita, parte de la cual ejerció un influjo importante en la biología tropical.[2] A instancias de Alexander von Humboldt, el gobierno español planeó por primera vez el canal a mediados del siglo XIX. Los franceses emprendieron el proyecto en 1881, pero problemas con la construcción y sobre todo con las numerosas muertes causadas por la fiebre amarilla y la malaria los animaron a ceder el proyecto a Estados Unidos en 1903. Pero el Istmo de Panamá era parte de Colombia, y los colombianos no estaban dispuestos a aceptar las exigencias asociadas a un canal de construcción estadounidense en su propio país. Siguiendo lo que se ha convertido en una reiterada estrategia estadounidense en América Latina, el presidente Teddy Roosevelt aplicó un poco de diplomacia cañonera para ayudar a los rebeldes panameños a conseguir la independencia de Colombia. Los estadounidenses acabaron completando el canal una década después y se quedaron con él. La apertura de aquellos ochenta kilómetros al tráfico naval a través del Istmo de Panamá, redujo a menos de la mitad el viaje por mar de Nueva York a San Francisco, de 22.500 kilómetros a 8.000 kilómetros. El canal de Panamá, que ahora pertenece a Panamá, se ha ampliado recientemente para admitir buques aún más grandes que los modelos Panamax de trescientos metros de eslora que atravesaban el canal durante el siglo pasado.

¿Qué tiene que ver todo esto con la belleza sexual? La parte central del canal de Panamá la conforma el lago Gatún, una masa de agua artificial que se formó al construir una represa en el río Chagres en 1913. Con la inundación, las cimas de las montañas de la zona se convirtieron en islas. Una de ellas (la isla de Barro Colorado) se convirtió en una reserva natural en 1923 y, con el tiempo, en la joya de la corona del recién creado Instituto Smithsoniano de Investigaciones Tropicales (ISIT). Hoy en día la isla de Barro Colorado es uno de los ecosistemas tropicales más estudiados del mundo. Dos de sus habitantes mejor conocidos son la rana túngara y el murciélago ranero (o murciélago de labios con flecos).

En el verano de 1978 me subí a un tren del Ferrocarril de Panamá en la estación de Balboa de la ciudad de Panamá empapado en sudor, pero nervioso e impaciente por llegar al fin a la isla de Barro Colorado. En aquellos días, el tren era el medio de transporte terrestre preferido para viajar entre ambos océanos. Su cargamento principal consistía en comerciantes panameños y fuerzas armadas estadounidenses, ya que el canal de Panamá aún estaba bajo la jurisdicción de Estados Unidos. La lista de pasajeros también incluía una pandilla de científicos desaliñados y descuidados, sobre todo estudiantes de posgrado de veintitantos años e investigadores más mayores, aunque no más pulcros, del ISIT. Llamábamos la atención comparados con el aspecto inmaculado de los comerciantes vestidos con sus guayaberas impolutas y el escrupuloso uniforme de los soldados estadounidenses aferrados a sus M16.

El tren se detuvo a medio camino entre ambas costas para soltarnos a nosotros, los científicos, en un apeadero llamado Frijoles. La estación no era más que un pequeño banco de cemento y un techado de chapa que ofrecía algo de cobijo frente al intenso sol o la incesante lluvia, dependiendo del momento del año. No había ningún signo de asentamientos humanos. Al cabo de un rato llegó un pequeño bote para llevarnos a la isla de Barro Colorado. Cuando avisté la isla por primera vez supe que me cambiaría la vida para siempre, aunque no tenía ni idea de a dónde me conduciría aquella aventura ni cuánto tiempo le dedicaría. Vista desde aquel bote, la isla no podía ofrecer un panorama más sereno, más relajante y más reconfortante.

Desde la distancia, la isla parecía un cartel de naturaleza armónica envuelta en una cortina de verdor. De cerca, intensas manchas de guayacanes de flores amarillas salpicaban el ondulante dosel forestal. La primera vez que salí a conocer la isla vi un tucán parloteando desde la copa de un árbol y meneando su desarrollado pico al ritmo de aquel gorjeo. Antes de aquello solo había visto estas aves en las cajas de cereales Froot Loops y en anuncios de cerveza Guinness. Un grupo de iguanas verdes de un metro de largo cavaba su nido en la arena; mariposas *Morpho* de color azul intenso y del tamaño de mi mano revoloteaban alrededor del sendero. Pronto reparé en que el entorno era aún más agradable de noche, cuando más de treinta especies de ranas se reunían formando coros por toda la isla con cantos destinados al sexo.

Pero no todo es lo que parece. Las primeras impresiones engañan a veces. Cuando me aposté tras la cortina de verdor para observar el drama evolutivo de la isla de Barro Colorado, lo que vi fue la naturaleza salvaje y violenta. Había parásitos por todas partes: a los monos aulladores les salían reznos de la carne; garrapatas de un tamaño repulsivo perforaban la piel de las iguanas; plasmodios portadores de malaria nadaban por la corriente sanguínea de lagartos más pequeños, y gusanos nematodos atascaban los intestinos de las ranas. Los depredadores también abundaban: los pájaros cazaban y engullían al vuelo las espléndidas mariposas *Morpho*; las boas estrangulaban la vida de los pequeños agutíes, parecidos a conejos, antes de cenárselos, y grandes murciélagos espectrales, el murciélago carnívoro mayor del mundo, con una envergadura aproximada de un metro, se abalanzaban sobre los roedores que correteaban por el suelo del bosque y luego se los comían desde la cabeza hasta la cola triturando sus huesecillos con una masticación ruidosa. También conocí ejércitos de hormigas guerreras (o marabunta) que desmembraban cualquier animal pequeño que encontraran a su paso; hormigas de la acacia cornigera atacaban a cualquier herbívoro que osara acercarse a la fuente de alimento que defendían, y los gritos nocturnos de los coatíes, parientes de los mapaches, traspasaban la noche cuando las hembras se confabulaban contra los machos para expulsarlos del grupo. La isla de Barro Colorado no era tan apacible como creí en un principio.

Tal vez el sexo sea diferente, pensé; tal vez sea más benigno. Es una actividad común que beneficia tanto a machos como a hembras, tanto a aspirantes como a electores; por entonces apenas había pensado en el conflicto sexual entre machos y hembras.

Mi objetivo era desentrañar de qué manera los individuos de un sexo evolucionaron para exhibir rasgos más atractivos para el sexo opuesto, o cómo evoluciona la belleza en favor del sexo. Mi objeto de estudio era una rana pequeña y marrón que frecuenta charcas de barro, una rana que los panameños llaman *túngara*. Este batracio de aspecto muy vulgar tiene una voz increíble, y de ella depende que a una hembra le resulte lo bastante atractivo un macho como para aparearse con él.

La rana túngara había sido estudiada durante un espacio breve de tiempo en la década de 1960 por el científico del ISIT Stanley Rand, seguramente uno de los mayores expertos en biología tropical del siglo XX. Stan se convirtió en mi compañero de trabajo más estrecho, mi compañero de viajes y mi mejor amigo durante tres décadas hasta su fallecimiento en 2005. Por entonces escribí que Stan era el segundo recurso más valioso del ISIT,[3] superado tan solo por la propia isla de Barro Colorado.

Lo que aprendí sobre la rana túngara despertó en mí un interés por la belleza sexual para toda la vida. He tratado de comprender cómo es posible que la belleza resida en voces, colores y olores, cómo aparece tanto en humanos como en otros animales y, sobre todo, por qué algunos individuos nos resultan tan bellos. ¿Por qué tenemos, nosotros y otros animales, la estética sexual que tenemos?

* * *

El primer día que recorrí la isla encontré signos de la orgía de la noche anterior. Pequeñas acumulaciones de espuma blanca dispersas por el borde de la charca revelaban el desenfreno que había tenido lugar la noche previa. Esperé. La noche descendió con rapidez, como sucede en los trópicos, y la oscuridad se fue llenando de cantos de insectos y parloteos de micos nocturnos a medida que el claro de luna se filtraba entre las copas de los árboles. Y entonces empezó el concierto.

Hombres y mujeres usamos toda suerte de tácticas y accesorios para captar la atención sexual: voces graves, faldas cortas, físicos a medida, perfumes y colonias, coches veloces y relojes caros. Pero, cuando las ranas salen a ligar, todo se reduce al canto. Cuando el sol se pone y ellas centran la mente, o al menos el cerebro y las hormonas, en el sexo, las ranas macho se convierten en máquinas de croar. En el periodo de cortejo cada macho llega a emitir más de cinco mil cantos en una sola noche.[4] Existen unas seis mil especies de ranas. La mayoría de ellas tiene cantos de apareamiento ruidosos y ostentosos, y cada especie emite su canto característico. Cuando me encuentro en medio de un coro de ranas en Panamá, la Amazonia, Florida o las llanuras del este de África, donde puede haber más de una docena de especies croando al mismo tiempo, soy capaz de identificar cada especie de oído, sin apenas preparación y sin llegar a ver ni una sola de ellas. ¿A qué viene tanto cántico?

Los machos cantan para que las hembras sepan quiénes son, dónde están y que es el momento de aparearse. Estos reclamos no solo sirven para informar, sino también para persuadir, encantar y seducir. Los machos croan con intensidad, sin tregua y con florituras, rasgos todos ellos que a lo largo de la evolución se han revelado atractivos para las hembras. Cuando irrumpe una hembra en medio del coro, compara los cantos de todos esos machos y al final decide cuál suena mejor a sus oídos, qué macho es el más sexi. Su elección define la belleza sexual para su especie. La selección de individuos del sexo opuesto para el apareamiento basada en la belleza sexual es un tema común que se interpreta en todo el reino animal siempre que hay sexo. Las únicas variaciones son los detalles.

La rana túngara es un ser pequeño, de tan solo treinta milímetros de longitud. Dale a los machos algo de agua en la que posarse y cantarán, ya sean estanques grandes, charcas reducidas, aguas someras surgidas por inundaciones de ríos, huellas de mamíferos grandes, zanjas en los alrededores de instalaciones humanas y hasta los acuarios minúsculos de mi laboratorio. En cualquier lugar puede haber entre uno y doce machos croando por cada metro cuadrado. Al igual que los machos de muchas especies de ranas, los de la rana túngara se reúnen en coros para cantar en un lugar de reproducción en cuanto se pone el sol. Las llamadas de estos machos parecen sacadas de un videojuego pasado de moda. Comienzan con un *gemido* que dura como un tercio de segundo y que puede ir solo o seguido de hasta siete sonidos breves de *staccato* que se conocen como *chasquidos*. Los cantos de un solo gemido se conocen como *cantos simples*, y los formados por un gemido y varios chasquidos se denominan *cantos complejos*. En breve echaremos una ojeada, o una audición, más detallada a estos cantos.

Lo cierto es que los cánticos de la rana túngara son un mercadillo sexual más que una orgía y, en este sentido, suponen un paraíso para las hembras; los machos se exhiben y las hembras son las consumidoras. Los machos apenas hacen algo más que cantar, y prácticamente permanecen inmóviles mientras croan. Las hembras se suman al coro cuando están prestas para aparearse, y digo prestas porque si no se aparean en unas pocas horas, todos los huevos que portan se desprenderán de su interior sin haber sido fertilizados, lo que se traduciría en una inversión en reproducción desperdiciada y en un intento fallido de transmitir unos cuantos genes a la generación siguiente. Después tendrá que esperar otras seis semanas para volver a disponer de una remesa de huevos listos para la fertilización. Pero esto rara vez ocurre, porque en los lugares de apareamiento las hembras están rodeadas por un montón de machos dispuestísimos a reproducirse. Y ellas eligen.

Cada hembra medita con atención la elección de pareja. Se sienta frente a un macho, a menudo se mueve hacia otros, y a veces regresa a donde está el macho que ha escogido. Valora a los machos escuchando lo que dicen, es decir, sus gemidos y chasquidos. Cuando una hembra decide aparearse, se acerca despacio al macho y él se aferra a ella y se le pone encima. Ahora están copulando, aunque el mecanismo difiere un tanto de aquel al que estamos acostumbrados los humanos.

Las ranas no tienen pene, pero los machos también liberan esperma para las hembras, y la fertilización se produce fuera del cuerpo. En el caso de la rana túngara, la hembra expulsa los huevos al agua mientras el macho permanece sobre ella; él los atrapa con las patas traseras y los rocía con esperma. Entonces el macho fabrica un nido para los huevos con una especie de merengue de rana que consigue utilizando las patas traseras como una batidora. Agita los huevos y los diversos fluidos que portan ambos gametos y crea un delicado nido de espuma que mantiene los huevos fuera del agua y apartados de los depredadores acuáticos, además de conservarlos húmedos y de garantizar su supervivencia durante breves periodos de sequedad en caso de que lleguen a evaporarse las charcas provisionales que pronto reconocerán como su casa. Si todo va bien, los huevos eclosionarán en tres días y, unas tres semanas después, los renacuajos se convertirán en ranitas que se dedicarán a encandilar o a dejarse encandilar en su propio mercadillo sexual.

Los detalles de la vida sexual de la rana túngara se desvelaron a lo largo de 186 noches consecutivas de observación dedicadas a conocer todo lo que hacían estas ranas desde la puesta del sol hasta su salida, con más de mil individuos marcados de forma individual para distinguirlos, grabar las voces de los machos, registrar con qué frecuencia se apareaban y averiguar qué era lo que atraía a las hembras hacia un macho particular. La respuesta rápida a este último interrogante es que las hembras siempre parecían optar por aparearse con machos que emitieran gemidos y chasquidos, y con machos más grandes que la media. Pero, ¿de dónde sacaron estas ranas su estética sexual? ¿Por qué el canto de algunos machos resultaba mucho más atractivo que el de otros? La respuesta a esta última pregunta no fue fácil de hallar.

Si alguien te parece guapo entonces lo es, porque la decisión es tuya. La belleza sexual surge de la interacción entre los rasgos de un individuo y el sistema sensorial o el cerebro que los percibe. A mí me parece bella la *Mona Lisa*, y a ti puede que no. Ambos vemos la misma disposición de colores dentro del marco, pero los procesamos de manera distinta. Recuerda: la belleza está en el cerebro del receptor. ¿Por qué las hembras de rana túngara encuentran tan atractivo el canto del macho y, en especial, el canto con chasquidos?

Podría pasarme la vida observando la rana túngara en charcas de todo Panamá y poco más descubriría sobre sus preferencias, aparte de lo que parece ser una fuerte predilección por los chasquidos. ¿Por dónde se empieza a estudiar lo que ocurre en el cerebro sexual de las hembras para conocer mejor su estética sexual, para desvelar con exactitud qué encuentra ella tan sexi en el canto del macho? Ciertos experimentos bien diseñados sirven para estudiar esto con la precisión de un bisturí, porque permiten asomarse al interior de la hembra y obtener una idea incomparable de sus estándares de belleza sexual.

Mi equipo de investigadores de la rana túngara reúne ranas de los lugares de apareamiento de Panamá y las trae al laboratorio, donde colocamos uno de los individuos hembra (batracios, no investigadores) bajo un pequeño embudo centrado entre dos altavoces dentro de una cámara acústica en la que se puede entrar. Entonces reproducimos cantos a través de cada altavoz usando llamadas reales de un macho o llamadas sintetizadas electrónicamente. En uno de los primeros experimentos que realizamos, ofrecimos a las hembras la posibilidad de elegir entre el gemido que emitía uno de los altavoces y el gemido con chasquido que lanzaba el otro altavoz. Cada altavoz «canta» una vez cada dos segundos y ambos suenan de forma alterna. Cerramos la cámara acústica y observamos la hembra desde fuera a través de una cámara infrarroja. Al levantar el embudo por control remoto, la hembra revela qué canto prefiere porque salta hacia él. Debe recorrer alrededor de un metro para llegar a uno de los altavoces, lo que trasladado a nuestra escala equivaldría a un paseo de ochenta metros. La única razón por la que una rana hembra se acerca y establece contacto con un macho cantor es porque lo ha elegido como pareja. Este sencillo experimento (denominado *de fonotaxis* porque el bioensayo consiste en estudiar el desplazamiento hacia un sonido) permite diseccionar con gran detalle la estética sexual de la hembra.

El canto de una rana túngara macho no necesita portar un chasquido para atraer a la hembra. Al colocar una hembra en una cámara acústica, esta se aproxima y establece contacto con el altavoz que solo emite un gemido. Un solo canto con gemido basta para atraer una hembra, pero dista mucho de lo ideal dentro de un mercadillo sexual competitivo. ¿Y qué hay de los chasquidos? Un chasquido por sí solo no sirve de mucho. Si únicamente emitimos un chasquido a través del altavoz, algo que no sucede nunca en la naturaleza, las hembras lo ignoran. Pero esto no implica que el chasquido sea inútil, sino tan solo que debe aparecer en el contexto adecuado, y ese contexto es el gemido. Si ponemos a competir un canto simple con un canto complejo (un gemido sin más frente a un gemido con chasquido), hay una probabilidad cinco veces mayor de que la hembra se desplace hacia el altavoz que emite un gemido con chasquido que hacia el que solo emite un gemido. El chasquido tiene un potencial sexual extraordinario. Aunque solo amplía un 10 % la duración y la energía del canto, incrementa el atractivo del macho en un 500 %. Piensa en algún cambio de aspecto que podamos hacer los humanos con tan bajo coste y capaz de causar un efecto así. Si se te ocurre alguno, ¡paténtalo!

Además de elegir machos que emiten chasquidos, las hembras también muestran más tendencia a elegir como pareja a los machos más grandes. ¿Cómo lo hacen en mitad de la noche si no pueden ver cuál es mayor? El canto parecía ser un candidato obvio: ¿será que las hembras perciben a través del oído cuál es más grande? En la mayoría de los animales la vocalización mantiene una correlación entre la frecuencia o el tono de la señal y el tamaño corporal del individuo que la produce. Esto es biofísica básica. Los individuos de dimensiones mayores cuentan con órganos productores de sonido que también lo son (la laringe en ranas y mamíferos, cresta y raspador en grillos, siringe en las aves), y estructuras más grandes vibran a frecuencias más bajas. Lo mismo ocurre con los humanos. Las voces graves y resonantes de Sylvester Stallone y James Earl Jones no salen de cuerpos esmirriados. Otro aspecto de nuestra morfología que influye en la estructura de los sonidos que emitimos es la anatomía de la tráquea, situada sobre la laringe, la cual produce los formantes de la voz. Las mujeres prefieren las voces más graves de los hombres grandes,[5] y se ha sugerido que el descenso de la laringe en humanos no evolucionó para facilitar el lenguaje, como se pensó durante mucho tiempo, sino para reducir la frecuencia de las vocalizaciones al aumentar la longitud de la tráquea situada sobre la laringe.[6] De hecho, el ciervo común baja la laringe a propósito cuando berrea para emitir un bramido más grave y aparentar mayor tamaño corporal. La rana túngara ha hecho algo parecido al evolucionar para que su canto suene más grave y atractivo. La laringe de la rana túngara es enorme comparada con la de otras ranas de un tamaño corporal similar. Tanto es así, que el cerebro de la rana túngara cabría dentro de su laringe. Parece que la selección natural ha favorecido más la buena apariencia exterior, o al menos la producción de buenos sonidos, que el desarrollo cerebral de la especie.

La biofísica establece que los machos más grandes emiten chasquidos más graves. ¿Será que las hembras prefieren los machos de mayor tamaño porque se sienten atraídas por los chasquidos más graves? Este es otro aspecto de la estética sexual de las hembras que se sometió con rapidez a la experimentación. Sinteticé cantos digitales con gemidos idénticos, pero distintos tonos de chasquidos. Dentro de un rango amplio de variaciones naturales, las hembras prefirieron los chasquidos más graves. Aunque atribuir alguna ventaja al hecho de que las mujeres prefieran hombres con voz de barítono sería una mera especulación, yo sí sé qué ventaja ofrece esta preferencia a la rana túngara: los machos más grandes fertilizan más huevos. No es que su esperma sea mejor, sino que el éxito de la fertilización es mayor si se da un encaje mecánico mejor entre macho y hembra. Recuerda que el macho se sitúa sobre la hembra, ya que se aparean al estilo «ranuno» (no «perruno»), cuando ambos liberan sus gametos. Si el macho es demasiado pequeño, su esperma cae sobre la espalda de la hembra y tiene menos posibilidades de llegar hasta los huevos cuando salen del interior de la hembra.

Parece lógico que la ventaja reproductiva de aparearse con machos grandes sea lo que condiciona la preferencia de la hembra por los chasquidos más graves, lo que a su vez favoreció la evolución de la inmensa laringe de estas ranas. Pero la lógica no tiene por qué ser biológica, aunque es un buen punto de partida para emitir hipótesis sobre lo que realmente sucedió y para esclarecer la biología que estamos investigando. Regresaremos a esta cuestión en breve.

* * *

A menudo se dice que la mejor ciencia es la que genera más preguntas que respuestas. Pero deberíamos añadir que uno de los aspectos más frustrantes de la ciencia es que cuando por fin llegas a una respuesta, sueles tener más preguntas que cuando empezaste. Y eso fue lo que me pasó a mí. Nuestros descubrimientos acerca de la selección natural mediante la elección de pareja en la rana túngara arrojaron una seria paradoja. El chasquido es un sonido muy breve para tener tanta repercusión en la belleza del macho, y todos los machos están capacitados para producir chasquidos. La lógica evolutiva simple predice que los machos se pasarían la noche chasqueando hasta atraer una pareja. Pero no es eso lo que ocurre. El macho de rana túngara es reacio a incluir chasquidos en su canto, y muchos de ellos prefieren limitarse al gemido. Sin embargo, deberían aspirar a atraer la mayor cantidad posible de hembras (al fin y al cabo son machos, ¿no?). Al igual que en el caso de los humanos, la inversión de un individuo para resultar atractivo depende del peso social, tal como explicaré ampliamente en el capítulo siete. Los hombres tienden más a alardear de sus recursos ante una mujer cuando hay otros hombres alrededor, y las mujeres flirtean más con los hombres cuando hay un montón de mujeres presentes.[7] Pues bien, en el caso de la rana túngara, hay dos situaciones sociales que animan a los machos a emitir más chasquidos. Los machos añaden chasquidos a su canto cuando hay más machos croando, y eso produce una escalada que acaba convertida en un coro de cantos complejos donde predominan los gemidos con chasquidos, mientras que los gemidos aislados se convierten en minoría. Las hembras también parecen «flirtear» con los machos para animarlos a emitir más chasquidos. Si un macho se niega a subir el tono y pasar de un simple gemido a un gemido con chasquidos, a veces la hembra le propina un verdadero golpe de cuerpo al que, curiosamente, él responde incorporando un chasquido a su canto.

Entonces, una vez más, ¿por qué esta reticencia a emitir chasquidos? Para entender por qué evoluciona cualquier rasgo es necesario comprender no solo los beneficios que aporta, sino también los costes que acarrea. Igual que la economía humana, la economía darwiniana predice que lo que determina el valor de un rasgo y el grado en que se ve favorecido por la selección natural es la razón promedio entre coste y beneficio. Aquí la moneda no es el euro ni el peso ni el dólar, sino la idoneidad (la cantidad de descendencia producida en relación con otros miembros de la población). Y, a diferencia de muchas transacciones económicas entre humanos, el objetivo no consiste en maximizar los beneficios relativos a corto plazo, sino más bien a lo largo de toda la vida del individuo.

Consideremos, por ejemplo, un guepardo que sale a cazar en busca de alimento. Los he visto esprintar en un instante por las sabanas de África oriental persiguiendo liebres y gacelas. Correr deprisa favorece que el guepardo atrape su alimento, y comer es esencial para la supervivencia (los guepardos muertos no se reproducen). Así que los guepardos han evolucionado para correr muy rápido: aceleran hasta los 65 km/h de tres zancadas, y llegan a los 110 o 120 km/h, la velocidad máxima que puede alcanzar un animal corriendo.[8] ¿Por qué no más? La velocidad en carrera tiene unas limitaciones fisiológicas. El corazón del guepardo es bastante grande en relación con su tamaño y late tan deprisa cuando el animal corre, que solo le permite mantener la velocidad máxima durante unos seiscientos metros. Después de una carrera así el animal ha realizado tal sobreesfuerzo que se arriesga a sufrir una lesión cerebral y, una vez que atrapa la presa, necesita descansar antes de empezar a comer.

El canto de la rana túngara conlleva un coste fisiológico enorme. Con la emisión de los reclamos, el ritmo metabólico, y por tanto también el ritmo al que consume energía, aumenta alrededor de un 250%. Pero este coste no explica la reticencia a producir chasquidos, porque añadir un chasquido a un gemido sale casi gratis en términos energéticos. Es otro el precio que pagan estas ranas por incorporar chasquidos a su canto, uno que pasé por alto durante más de un año, pero que llevaba milenios influyendo en la evolución de la belleza sexual de la rana túngara: dan información a los furtivos.

Muchos de nosotros nos hemos visto en la situación embarazosa de creer que decíamos algo en privado cuando, en realidad, había más oídos escuchando. Nunca debemos dar por supuesto que no nos oye nadie. Esto ha sido siempre así en el caso de los animales. Cuando un macho de rana túngara emite su canto, las hembras no son las únicas que lo oyen. Un furtivo feroz es el murciélago ranero. Merlin Tuttle, fundador del Bat Conservation International (Conservación Internacional de Murciélagos), una institución de renombre internacional, pasó por la isla de Barro Colorado un año antes de que yo empezara a trabajar allí y atrapó un murciélago de la especie *Trachops cirrhosus*, llamado *murciélago ranero* o *murciélago de labios con flecos*, con una rana túngara entre las fauces.[9] Merlin, que es uno de los expertos mundiales en ecología de quirópteros, reconoció que aquella presa era un alimento inusual para un murciélago, lo que lo llevó a plantearse qué relevancia tendría aquello en su estilo de vida, dónde viviría esta especie, y qué hábitats frecuentaría. Pero también se preguntó si los murciélagos oirían el canto de las ranas. Así que Merlin quiso formar equipo conmigo para estudiar esta interacción entre los murciélagos y las ranas. Cuando recibí la carta manuscrita de Merlin (esto ocurrió mucho antes de que Al Gore «inventara» Internet*) me ilusioné con la idea de que este murciélago pudiera resolver el misterio del chasquido de la rana túngara.

Pero mis conocimientos sobre la biología de los murciélagos atenuaron enseguida mi entusiasmo. Sabía lo improbable que era que este murciélago oyera el canto de las ranas, y mucho menos que le sirviera de pista para localizarlas. Los murciélagos son bien conocidos por sus habilidades de ecolocalización.[10] Emiten pulsos de alta frecuencia para que reboten en los objetos y, cuando llegan de vuelta hasta donde está el murciélago, este los percibe como una imagen acústica del mundo circundante. Los pulsos de ecolocalización son ultrasónicos, donde *ultra* significa que su sonido cae por encima de nuestro rango de audición de 20.000 hercios (Hz). La llamada de ecolocalización del murciélago de labios con flecos se sitúa entre 50.000 y 100.000 Hz. Ante un rango de audición desplazado hacia frecuencias tan altas, se creía que los murciélagos eran casi sordos a frecuencias audibles para nosotros. Por otra parte, el canto de las ranas suele estar limitado a frecuencias bajas. La frecuencia más baja del gemido de la rana túngara solo llega a 700 Hz, y la del chasquido es de 2.200 Hz, algo superior, pero en absoluto cercana a los ultrasonidos.

* Al Gore, vicepresidente de Estados Unidos entre 1993 y 2001 con Bill Clinton, declaró una vez en una entrevista que él había tomado la iniciativa de crear Internet. Desde entonces, esta afirmación ha sido objeto de numerosas mofas en el mundo anglosajón. (*N. de la T.*)

Cuando Merlin, nuestra ayudante Cindy Taft y yo instalamos una de las estaciones de observación nocturna cerca de la charca Weir de la isla, vimos esos murciélagos cazando y alimentándose con regularidad de ranas que croaban; en promedio, morían alrededor de seis ranas por hora en las fauces de los murciélagos. También tomamos fotos espectaculares de los murciélagos en plena acción; Merlin es un mago de la fotografía, y sus instantáneas del murciélago ranero no tardaron en aparecer en las páginas de *National Geographic* junto con la exposición de nuestros hallazgos. Pero, ¿los murciélagos oían el canto de las ranas o usaban la ecolocalización para detectarlas? Necesitábamos experimentos.

¿Cómo se caza un murciélago? La manera más fácil consiste en averiguar qué ruta siguen los murciélagos a través del bosque. Entonces, antes de que caiga la noche, se tiende una red de malla muy fina en medio de ese recorrido. Los murciélagos son capaces de detectar estas redes con sus llamadas ultrasónicas, pero solo si prestan atención. Al igual que ocurre con la hipnosis de la carretera, la mente del murciélago puede despistarse y dejar de concentrarse en sus llamadas de ecolocalización cuando realiza la misma ruta noche tras noche. Si algo inusual se interpone en su camino, a menudo chocan contra eso. Este fue uno de los recursos que permitió a Donald Griffin descubrir la ecolocalización de los murciélagos en la década de 1930. Él colocaba diversos objetos en la jaula donde volaban los murciélagos de su laboratorio, y estos los esquivaban con gran destreza usando su capacidad de ecolocalización. Cuando los murciélagos se acostumbraban a que esos objetos estuvieran en determinados lugares, Griffin los cambiaba de sitio, y los murciélagos chocaban contra ellos. Griffin lo denominó el efecto *Andrea Doria*, por la colisión que sufrió este célebre trasatlántico en 1956.

Aunque habíamos visto murciélagos alimentándose de ranas que croaban, eso no significaba que los murciélagos se guiaran por su canto. Habrían detectado el cuerpo de la rana con facilidad por ecolocalización. Durante los experimentos de campo reunimos algunos indicios circunstanciales de que los murciélagos raneros se sentían atraídos por el canto de la rana túngara. Así que colocamos altavoces que reproducían reclamos de las ranas en la base de la red que instalamos en el bosque; con bastante frecuencia, los murciélagos volaban hacia la red situada justo sobre el altavoz. Desde entonces varias generaciones de investigadores han utilizado cebos acústicos para atrapar estos murciélagos. Pero lo más convincente fue que situamos pares de altavoces en el bosque, de tal manera que uno de ellos reproducía cantos simples de la rana túngara, con solo gemidos, y el otro emitía cantos complejos, con gemidos y chasquidos. Los murciélagos salían del dosel forestal y se abalanzaban sobre los altavoces. No sabíamos cuántos eran en realidad, pero de las más de 200 pasadas que efectuaron sobre los altavoces, alrededor del 70 % se acercó al altavoz que emitía el canto complejo. Sin embargo, la prueba de fuego consistió en reproducir en una jaula de vuelo los mismos experimentos que realizamos con las hembras de rana túngara; dimos a los murciélagos la oportunidad de elegir entre un canto simple y uno complejo. Aunque a los murciélagos y las ranas les interesan estos cantos por motivos diferentes (los primeros para alimentarse y las segundas para aparearse), exhibieron respuestas similares ante los cantos. Tanto las ranas como los murciélagos se sienten atraídos por el canto simple, y ambos prefirieron el canto complejo al simple; alrededor del 90 % de las respuestas de los murciélagos se decantaron por el canto complejo. ¡Paradoja resuelta! Muchos años después, Rachel Page, en la actualidad científica en plantilla del ISIT, evidenció que los murciélagos tienen más facilidad para captar cantos con chasquidos que cantos sin ellos.

Añadir chasquidos a los gemidos incrementa el éxito de un macho para atraer pareja, pero también aumenta el riesgo que corre de convertirse en comida. Los machos se encuentran en la tesitura crítica de tener que elegir entre el sexo y la supervivencia: más chasquidos inclinan la balanza hacia un lado, menos chasquidos la inclinan hacia el otro. Unos años después trabajé con dos neurobiólogos, Volkmar Bruns y Hynek Burda, para demostrar que los murciélagos raneros cuentan con adaptaciones en el oído interno que les permiten seguir siendo sensibles a los ultrasonidos con sus llamadas de ecolocalización, al mismo tiempo que amplían su audición hasta el rango de bajas frecuencias del canto de las ranas.[11] Hasta el momento presente no se conoce ningún pariente cercano del murciélago ranero con esta adaptación neuronal para tener audición sónica. Si de verdad no hubiera ninguno, cuando estos murciélagos se toparon por primera vez con las ranas de los bosques de la América tropical, es probable que las cazaran con sus llamadas de ecolocalización, aunque fueran sordos al canto de las ranas. Sin embargo, tras algunos retoques evolutivos en su sistema auditivo y, sin duda, alguna reorganización cerebral, se convirtieron en el mayor enemigo de la rana túngara e impusieron ciertas limitaciones a la evolución de la belleza sexual de esta especie.

* * *

Las preferencias de cualquier clase son difíciles de concretar tanto en humanos como en otros animales, y las preferencias sexuales son de las que más cuestan. Diversos estudios han revelado que las mujeres prefieren hombres de rasgos faciales angulosos,[12] que las hembras del pavo real prefieren machos de larga cola,[13] y que las hembras de rana túngara prefieren los cantos que incluyen chasquidos. Pero, ¿en qué se basan estas preferencias, y qué mecanismos regulan las preferencias por una pareja en lugar de otra? ¿Qué tiene que cambiar para que una preferencia evolucione?

Una preferencia conductual es un fenómeno que resulta de la interacción entre estímulos entrantes y sesgos inherentes en el procesamiento sensorial, neuronal y cognitivo de esos estímulos. Para entender cómo evolucionan las preferencias y por qué difieren entre especies, hay que observar algo más que la mera reacción conductual. Debemos conocer qué alteraciones del soporte físico favorecen esas preferencias conductuales.

Para explicar mi empeño en comprender las preferencias a un nivel cerebral, recurriré a una analogía. La velocidad máxima de un guepardo se puede comparar con la de un leopardo midiendo la rapidez con la que corren por la sabana. El guepardo es más veloz y ha evolucionado para ser más veloz. Pero sabremos muy poco sobre cómo se ha producido esa evolución si no miramos bajo el capó de esa máquina de velocidad tan bien engrasada. Si, además, medimos la eficiencia biomecánica de las extremidades, el tamaño del corazón y la contribución del metabolismo aeróbico y anaeróbico para mantener esa velocidad, estaremos en condiciones de decir mucho más que «los guepardos evolucionaron para ser más rápidos», realmente podremos describir qué evolucionó.

Pues bien, nosotros miramos bajo el capó de la rana túngara y descubrimos que lo que contribuye a las preferencias sexuales por los cantos son tanto zonas concretas del cerebro como redes complejas que conectan distintas partes de cerebro. Usamos dos procedimientos distintos para determinar cómo responden diferentes partes del cerebro ante diferentes sonidos. En uno de los procedimientos, el neurofisiológico, una serie de electrodos registra impulsos procedentes de neuronas en diversas zonas del cerebro de la rana mientras suenan distintos sonidos. Los electrodos registran descargas neuronales, y eso nos permite determinar qué sonidos provocan mayor actividad neuronal en diferentes partes del cerebro. En el segundo procedimiento, la expresión genética, volvemos a exponer a las hembras a distintos sonidos. Después las sacrificamos y diseccionamos el cerebro para identificar la expresión de ciertos genes que indican que acaba de haber actividad neuronal. Estos estudios del cerebro, unidos a un conocimiento detallado de las preferencias conductuales, nos han permitido inferir una explicación bastante sencilla de por qué las hembras prefieren determinados cantos.

Tal como comentaremos en detalle más adelante, la decisión más importante que debe tomar un animal en relación con la elección de una pareja es buscarse un compañero de su misma especie. Si una hembra se aparea con un macho de la especie equivocada, un heteroespecífico en lugar de un conespecífico, perderá por lo común la considerable inversión reproductiva que ha realizado, ya que estos apareamientos fallidos producen muy poco de valor darwiniano. En la mayoría de las especies, los pretendientes exhiben características que ofrecen información inequívoca a los electores sobre la especie a la que pertenece.

Como he dicho, existen unas seis mil especies de ranas. Casi todas ellas croan, y todas estas especies emiten cantos diferentes. Cuando se pone a prueba el comportamiento de las hembras, casi siempre prefieren el canto de sus propios machos frente al de otras especies. ¿En qué se basa la preferencia por ese canto? Toda la circuitería neuronal del sistema auditivo, del sistema de toma de decisiones y del sistema de reacción conductual inclina a la hembra a considerar los reclamos de sus conespecíficos como los más atractivos de todos, los de mayor belleza sexual. Estas neuronas determinan su estética sexual, y esas son las zonas del cerebro de las ranas que deben cambiar cuando evolucionan las preferencias por un canto.

Tanto en los seres humanos como en las ranas, la audición comienza en el oído, en el oído interno, para ser exactos. El oído interno es un compartimento de la cabeza que alberga los órganos del equilibrio y de la audición. En su interior hay células pilosas incrustadas en membranas que descargan impulsos neuronales cuando las membranas vibran como respuesta al sonido o a un cambio de orientación de la cabeza. Las neuronas que inervan las células pilosas en el órgano auditivo forman un gran conjunto denominado *nervio auditivo,* que es el canal de información desde el oído interno hasta el cerebro.

Tal como veremos en el próximo capítulo, ninguno de estos sistemas es lineal, ni el sensorial ni el perceptual ni tan siquiera el cognitivo; es decir, su reacción neuronal y conductual no se puede predecir tan solo a partir de la percepción de un estímulo. Esta afirmación es bastante obvia. Por ejemplo, muchos estímulos potenciales ni siquiera llegan a detectarse. De todo el espectro electromagnético, que abarca desde los rayos X hasta las ondas de radio, los humanos únicamente vemos una pequeña fracción de longitudes de onda, la que va desde los 400 hasta los 700 nanómetros. Somos ciegos a gran parte de la luz ultravioleta que perciben muchos pájaros y peces. Esta limitación perceptual existe a todos los niveles sensoriales. El mejor amigo del hombre, el perro, capta miles de olores en el aire, mientras que nuestro sistema olfativo es casi anósmico comparado con el de los perros. Lo mismo ocurre con el sonido. Puesto que nuestro rango auditivo va desde 20 hasta 20.000 Hz, somos incapaces de percibir los ultrasonidos que predominan en la mayor parte de la esfera auditiva de los murciélagos. Por otro lado, la mayoría de los murciélagos son sordos a casi todo lo que nosotros decimos. El murciélago ranero, como hemos visto, constituye una excepción.

Para empezar a comprender cómo codifica el cerebro de la rana túngara la estética sexual del sonido, debemos conocer primero qué le dice el oído de la rana a su cerebro. Incluso dentro de su rango auditivo específico, el oído de cualquier animal siempre percibe unas frecuencias mejor que otras. A este respecto somos simplemente iguales al resto de animales. Aunque percibimos frecuencias en tres órdenes de magnitud, somos más sensibles a las frecuencias que van desde unos 2.000 hasta unos 5.000 Hz. Las ranas, en cambio, llevan al extremo la restricción del rango auditivo. En lugar de contar con un solo órgano para la audición dentro del oído interno, como todas las aves y los mamíferos, ellas tienen dos. Uno, la papila anfibia, suele percibir sonidos por debajo de 1.500 Hz, mientras que la otra, la papila basilar, es sensible a sonidos por encima de 1.500 Hz. Hace muchos años, Bob Capranica evidenció, primero desde los Laboratorios Bell y después desde la Universidad de Cornell, que estos dos oídos internos están afinados para actuar como un par de filtros que combinados se sintonizan a las frecuencias más dominantes de la llamada para el apareamiento de cada especie.[14] Mi compañero Walt Wilczynski y yo trabajamos con Capranica en mayor o menor grado y vimos que esto mismo se da en la rana túngara.

¿Qué es lo que oye el oído? Al reproducir los tonos puros del canto de la rana al mismo tiempo que registraba las descargas neuronales de los nervios auditivos, Walt comprobó que ambos oídos están muy bien afinados con los cantos de esta rana en particular. La papila anfibia está afinada en unos 700 Hz (lo que concuerda casi a la perfección con los gemidos promedio, que presentan una frecuencia dominante de alrededor de 700 Hz). La papila basilar, como era de esperar, está afinada en frecuencias más altas, en 2.200 Hz para ser exactos. Esto se acerca a la frecuencia predominante en los chasquidos promedio, la cual asciende a 2.500 Hz, pero favorece las frecuencias más bajas que la media. Una razón por la que la rana túngara prefiere los cantos de conespecíficos es porque estos contienen sonidos que ella oye mejor, y una razón por la que prefiere los chasquidos de baja frecuencia de los machos más grandes es porque esos cantos se acercan más que el chasquido promedio a la afinación óptima de la papila basilar. Esto significa que las hembras perciben los cantos de los machos más grandes con más intensidad que los cantos de los machos más pequeños. Por tanto, nuestra primera ojeada bajo el capó de las ranas reveló que uno de los órganos del oído interno, la papila basilar, está afinado para ayudarlas a definir una parte de su estética sexual, esto es, su preferencia por los chasquidos de baja frecuencia de los machos grandes.

Los oídos actúan como un canal que conduce hasta el cerebro toda la estimulación neuronal derivada de un sonido. El cerebro es el lugar donde está la verdadera acción cuando se trata de preferencias de cualquier clase. Para desentrañar esta maquinaria neuronal, complementamos el tratamiento neurofisiológico con el segundo procedimiento destinado a decodificar esas preferencias. Kim Hoke trabajó conmigo y con Walt en el empleo de la expresión genética para detectar la localización y la cantidad de las respuestas neuronales que manifestaba la rana túngara ante distintos tipos de sonidos.[15] Cada rana era sacrificada después de exponerla a un tipo de sonido, ya fuera un gemido, un gemido con chasquido, ruido blanco, o la llamada de un heteroespecífico; entonces se efectuaba una disección fina del cerebro, y una exploración molecular identificaba dónde había expresión de genes particulares que indican actividad neuronal. De este modo conseguimos observar cómo varía la actividad neuronal por todo el cerebro como respuesta a los distintos sonidos.

Lo ideal para los científicos sería que hubiera una sola neurona que codificara la estética sexual; «actívala» con una imagen, un sonido o un olor sexi y, ¡bingo!, las neuronas sexuales se disparan y la hembra cae rendida de amor o de deseo, dependiendo de la especie. Pero resulta que esta clase de células individuales o de detectores únicos de rasgos parece ser la excepción en lugar de la regla. Lo más probable es que las decisiones como qué comer, dónde dormir o con quién aparearse dependan de respuestas conjuntas de poblaciones enteras de neuronas. Esto cobra sentido si se tiene en cuenta que la mayoría de los estímulos sexuales consiste en una mezcla compleja de variables de estímulos, como la duración, la frecuencia y la amplitud de los componentes del sonido, y hay distintas neuronas afinadas para distintos tipos de estímulos.

Esto es lo que Kim descubrió en la rana túngara. El rombencéfalo de la rana aloja una gran área o «núcleo» responsable del análisis auditivo. Kim reveló que entre las neuronas del núcleo auditivo hay más actividad neuronal, en primer lugar, como respuesta al gemido con chasquido y, en segundo lugar, como respuesta al gemido en comparación con otros tipos de sonidos. No es solo que las señales con atractivo sexual susciten una estimulación neuronal mayor en el área auditiva del cerebro, sino que además alteran las relaciones de actividad entre otras regiones del cerebro, o sea, en qué medida la actividad en una región del cerebro está correlacionada con la actividad en otra región, lo que también se conoce como la *conectividad funcional.* Cuando una hembra de rana túngara oye la llamada de un macho de su especie, frente a la llamada de otra especie, se produce un incremento de la actividad neuronal correlacionada en los circuitos neuronales que generan decisiones, en los circuitos implicados en la sensación de recompensa, y en aquellos que estimulan el movimiento, es decir, la fonotaxis para el apareamiento. Aunque quedan por resolver algunos detalles, ahora disponemos de un conocimiento básico de los procesos sensoriales, neuronales y cognitivos subyacentes que generan la estética sexual de la hembra de rana túngara. Los fundamentos de esas preferencias han dejado de ser un misterio; ahora podemos abrir el cerebro y señalar justo hacia ellos.

* * *

La biología plantea preguntas sobre cómo funcionan las cosas y sobre por qué evolucionaron para funcionar de ese modo. Solemos referirnos a estos dos grandes bloques como preguntas preliminares y preguntas fundamentales, y la mayoría de estudios de biología permanecen firmemente anclados a una de estas dos categorías. Pero no este estudio. La rana túngara se ha convertido en uno de los «sistemas modelo» mejor conocidos en selección sexual, porque mis compañeros y yo hemos logrado esclarecer interrogantes de todos los dominios y, lo que es más importante, porque podemos usar información de un dominio para investigar cuestiones sobre los otros.

Al comienzo de este capítulo señalé que las hembras de rana túngara prefieren los chasquidos de baja frecuencia de los machos grandes, y que esos machos mayores fertilizan más huevos que los machos de menor tamaño. Y en las líneas previas acabas de leer que esta preferencia por los machos más grandes se debe al oído de la hembra, en concreto a la papila basilar, que está afinada con frecuencias ligeramente inferiores a la del chasquido promedio. Por tanto, las hembras experimentan mayor estimulación neuronal en la papila basilar con los machos grandes que con los pequeños. La lógica evolutiva induciría a pensar que el afinado del oído de la hembra evolucionó hasta convertirse en lo que es porque genera una preferencia por los machos grandes, quienes fertilizan más huevos. Por tanto, las hembras cuya papila basilar esté afinada con los reclamos de frecuencia más baja de los machos más grandes tendrán una ventaja selectiva frente a las hembras con papilas basilares afinadas con los reclamos de frecuencias más altas de los machos pequeños. La evolución de esta estética sexual particular, la preferencia por los chasquidos con frecuencias más bajas de los machos grandes, evolucionó porque favorece la eficacia darwiniana. Esto es lógico, pero resulta que no es biológico; no es eso lo que ocurrió. Y esto, ¿cómo se sabe?

La rana túngara tiene unos ocho parientes cercanos, todos ellos en América del Sur. La mitad de ellos vive en la Amazonia, en la vertiente oriental de los Andes, y la otra mitad se encuentra en la vertiente occidental de los Andes. Stan, Rand y yo realizamos numerosos viajes para grabar los cantos y reunir individuos de estas ocho especies. Trabajamos en todos los países con territorio en América Central, desde México hasta Panamá, en los Andes de Perú y Ecuador, en la cuenca del Amazonas de Ecuador y Brasil, y en los Llanos de Venezuela. Con la salvedad de algunas poblaciones de especies amazónicas, todas las demás ranas de este grupo tienen machos que emiten gemidos, pero no chasquidos. ¿Cómo están afinados sus oídos? Entregamos las ranas a Walt Wilczynski para que las caracterizara, tal como había hecho previamente con los individuos de rana túngara. Todas estas especies presentaban una semejanza notable.[16]

La papila anfibia de cada una de estas especies estaba afinada con la frecuencia de sus gemidos. Como la mayoría de ellas no emitía chasquidos ni ningún otro sonido de frecuencias más altas, supimos que no usaban la papila basilar para comunicarse. Pero todas ellas seguían teniendo una papila basilar y, además, afinada. Curiosamente, todas estas ranas tenían la papila basilar afinada en la misma frecuencia que la de la rana túngara. Esto tiene sentido en el caso de la rana túngara, porque ese afinamiento concuerda con los chasquidos, pero la mayoría del resto de especies no emitía ningún chasquido.

La biología evolutiva se basa en un principio denominado *parsimonia* para interpretar cómo ocurrieron las cosas en el pasado. La parsimonia establece que, si todo lo demás permanece constante, la explicación más simple es la más probable. Consideremos el corazón humano. Tenemos un corazón perfectamente adaptado con cuatro cavidades que es excelente para oxigenar la sangre. Pero eso mismo le sucede al resto de 5.500 especies de mamíferos que hay en el mundo. ¿Será que esta adaptación evolucionó 5.500 veces, una por cada especie, o será que evolucionó una vez en el mamífero ancestral y fue heredada después por el resto de especies de mamíferos a medida que aparecieron? La respuesta es claramente la última.

Al aplicar la misma lógica a la rana túngara y sus parientes cercanos, se llega a la conclusión de que el afinado de la papila basilar, compartida por todos ellos, no evolucionó por separado en cada especie, sino que procede de un ancestro común. Esto significa que el afinado de la papila basilar existía antes de los chasquidos. Esto trastoca por completo nuestra idea sobre cómo evolucionaron las preferencias por los chasquidos de frecuencias más bajas. Las hembras no desarrollaron este afinamiento por los beneficios que obtienen al preferir machos grandes, sino que, cuando los machos desarrollaron los chasquidos, desarrollaron también frecuencias concordantes con el afinamiento preexistente del oído de la hembra. Decidimos bautizar este proceso como *explotación sensorial*,[17] y esta idea unida a un proceso más general del que hablaremos en el próximo capítulo, el *impulso sensorial*, causó una revolución intelectual, o lo que el filósofo Thomas Kuhn denominó un *cambio de paradigma*, en el campo de la selección sexual.

Espero que este recorrido por la vida sexual de una simple rana tropical te convenza de que la belleza y el cerebro están íntimamente conectados. A mí me convenció de que el cerebro es el eslabón perdido en nuestra interpretación de la selección sexual para la belleza sexual no ya en la rana túngara, sino en buena parte del reino animal.

3
La belleza y el cerebro

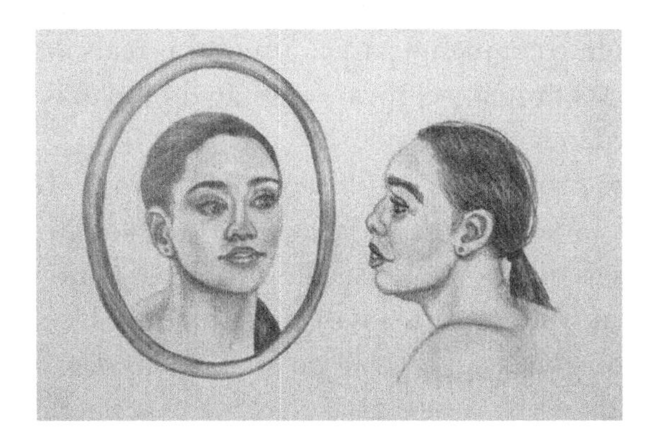

La belleza de las cosas solo existe en la mente
de quien las contempla.

DAVID HUME

No hay belleza sin cerebro... del mismo modo que no hay ruido cuando se desploma un árbol del bosque si ningún oído lo siente caer. La belleza no solo está en el ojo del que mira, sino también en sus oídos, en su nariz, en sus papilas gustativas y en sus receptores del tacto. Estos son los primeros órganos sensoriales que se estimulan con el mundo que nos rodea y que conectan el mundo exterior con nuestro cerebro interior, destino final donde se forman nuestros perceptos de la naturaleza y donde surge la estética sexual de cada cual. Para entender la belleza hay que comprender el cerebro, y para entender la belleza sexual hay que comprender el cerebro sexual. El cerebro sexual no es un módulo específico, sino que, como veremos, involucra todas las partes de un sistema neurológico que analiza y toma decisiones relacionadas con el sexo, al mismo tiempo que modula nuestros sentimientos al respecto. La complejidad del cerebro sexual y el carácter impredecible de la estética sexual se deben a que la mayoría de esos procesos neurológicos son polivalentes, compartidos por distintas competencias y utilizados para realizar tareas diversas. Por ejemplo, los animales usan la misma retina y los mismos fotopigmentos para sopesar tanto el alimento como una pareja. Y nuestras reacciones afectivas ante el sexo, las drogas y el rocanrol están moduladas por los mismos centros de recompensa.

En los tres próximos capítulos examinaremos la belleza a través de tres grandes sentidos: la vista, el oído y el olfato. En este capítulo analizaremos cómo y por qué el cerebro tiene una estética sexual, por qué difiere entre los distintos animales, y cómo influye el resto de funciones del cerebro en lo que consideramos bello.

* * *

Todos conocemos a alguien que parece estar en su mundo. Esto también le pasa a los animales, y el alemán experto en cibernética Jakob von Uexküll llegó incluso a acuñar un término para nombrarlo: *Umwelt.*[1] Según él, animales distintos pueden vivir en un mismo emplazamiento físico, pero habitar mundos sensoriales diferentes, hasta tal punto que bien podría decirse que no están en el mismo planeta. El *Umwelt* es distinto para cada especie, igual que lo son su morfología y su ADN. El esclarecimiento de cómo perciben los animales su entorno y cómo puede variar la percepción del mundo en individuos de la misma especie, permite empezar a desentrañar de qué manera experimentan la belleza.

Eones antes de que el autor irlandés Bram Stoker escribiera *Drácula,* los murciélagos ya asustaban a las masas y confundían a los naturalistas.[2] Los murciélagos son los únicos mamíferos que pueden volar por sí mismos; tienen ojos pequeños, y aun así vuelan en la más oscura de las noches capaces de orientarse como si estuvieran dotados de un poder sobrenatural. El sacerdote católico y científico italiano Lazzaro Spallanzani torturó murciélagos en el siglo XVIII para descubrir su sexto sentido.[3] Les quemó los ojos y les tapó los oídos y las narices con cera con la intención de averiguar cómo conseguían orientarse en la oscuridad total, pero nunca llegó a entenderlo del todo. Hubo que esperar más de un siglo y medio, hasta la década de 1930, para que Donald Griffin y Robert Galambos resolvieran el misterio con métodos más benignos, usando tecnologías nuevas para captar sonidos ultrasónicos y experimentos conductuales no invasivos para demostrar la capacidad de los murciélagos para orientarse en la oscuridad.[4] Ellos fueron los primeros en aportar información veraz sobre el mundo de la ecolocalización ultrasónica de los murciélagos. El eco de sus llamadas, que caen fuera de nuestro rango auditivo, aporta a los murciélagos una imagen acústica de su mundo similar en cierto modo a nuestra imagen visual. Pero solo en cierto modo. El célebre filósofo Thomas Nagel lanzó la pregunta retórica: «¿Cómo será ser murciélago?».[5] Puede que los estudios científicos consigan algún día describir con gran detalle todos los mecanismos conductuales y neuronales que permiten la ecolocalización, pero, tal como afirmaba Nagel, nunca sabremos cómo es ser murciélago porque nunca compartiremos la misma experiencia sensorial y consciente.

La belleza también es una experiencia sensorial, y la describimos así: un cuadro es bonito, una comida huele deliciosa, y una canción suena preciosa. Distintos animales experimentan la belleza sexual con sentidos diferentes; las polillas, los peces y los mamíferos son muy aficionados a olerse entre sí, mientras que los grillos, las ranas y las aves dedican mucho tiempo a escucharse. Para comprender la diversidad de la estética sexual que da lugar a la diversidad de belleza sexual del reino animal, hay que entender cómo surge la belleza sexual a partir de los sentidos y el cerebro. Extrapolando la frase de Nagel, cuando percibimos el olor de un ciervo almizclero en celo, tal vez no sintamos el mismo éxtasis que la cierva, pero si estudiamos su sistema olfativo, al menos entenderemos por qué está en éxtasis.

Para entender cómo perciben los animales la belleza empezaremos por los órganos sensoriales (oídos, ojos y nariz), puesto que ellos son los portales que conectan al individuo con el mundo exterior, los conductos por los que fluyen las sensaciones para llegar al cerebro. Estos órganos sensoriales son como guardianes y no permiten la entrada a todas las sensaciones.

Jamás he contemplado arcoíris más espectaculares que los que se forman en la península de Dingle en la costa occidental del Irlanda. Salen del mar, el arco se despliega sobre la cabeza y después se hunden en las verdes colinas del litoral. Es difícil no creer que al final del arcoíris hay una gran olla llena de oro. El arcoíris es luz solar que al refractarse se descompone en franjas de colores debido a las partículas del aire. Nosotros percibimos las longitudes de onda más largas como una banda roja situada en un borde del arcoíris, y las más cortas, como una banda de color azul en el borde opuesto del arcoíris, con tonos verdes, amarillos y naranjas en medio de ambos. Dudo que una gaviota que pase volando sienta lo mismo que yo al ver el arcoíris, y estoy seguro de que no ve lo mismo que yo. Las gaviotas, y muchas otras aves, tienen la visión desplazada hacia longitudes de onda más cortas; perciben la luz ultravioleta, la cual nosotros solo notamos cuando se nos quema la piel con el sol. Por tanto, cuando una gaviota contempla un arcoíris en Irlanda, ve más bandas de color más allá de la tonalidad azul visible para mí. Las abejas también ven la banda ultravioleta de la luz. Por eso las flores atraen a las abejas para que las polinicen ofreciendo a menudo pétalos decorados con un seductor tapiz de marcas que reflejan el ultravioleta y apuntan hacia los órganos sexuales de la flor, como si invitaran a las abejas a «ver su colección de sellos». Los animales presentan diferencias similares en los demás sentidos. Nosotros oímos el batir de alas del murciélago cuando pasa cerca de nosotros durante la noche, pero somos sordos a los ultrasonidos que lanza a nuestro alrededor. Oímos los barritos de los elefantes, pero no los infrasonidos que emplea para comunicarse con otros congéneres a kilómetros de distancia. Más lejos aún de nuestro alcance queda gran variedad de olores. Ni siquiera Nagel llegó a plantearse cómo será tener el sentido del olfato de un perro; sería demasiado abrumador. Como solo podemos apreciar lo que percibimos, las diferencias en los órganos sensitivos generan diferencias en cuanto a estéticas sexuales entre los distintos animales. Esta es la razón fundamental por la que la belleza sexual adopta tantas formas diversas.

Pero, si todos los sistemas sensoriales evolucionaron para favorecer la supervivencia y la reproducción, tal como defenderían todos los biólogos evolutivos, ¿no deberían ofrecernos una descripción exacta del mundo? ¿No sería mejor que tuviéramos una percepción del mundo circundante completa y sin sesgos, en lugar de una limitada a ciertas franjas de excitación? Este es otro aserto que parece lógico, pero no es biológico; simplemente no es así. Cada uno de los órganos sensitivos reacciona únicamente frente a una banda del mundo de su modalidad. Tal como acabamos de señalar, el oído humano percibe sonidos entre 20 y 20.000 hercios (Hz), así que no captamos los infrasonidos (< 20 Hz) ni los ultrasonidos (> 20.000 Hz). Los ojos del ser humano solo son sensibles, por definición, a la luz visible, con longitudes de onda que van de los 400 a los 700 nanómetros (nm), una banda increíblemente estrecha de todo el espectro electromagnético, el cual abarca desde 0,01 nm, con los rayos gamma, hasta más allá de 1.000 nm, con las ondas de radio. Asimismo, nuestro sistema olfativo parece anósmico comparado con la diversidad de compuestos volátiles que pululan por el aire y comparado con el sistema de otros animales, los cuales perciben el mundo con mucha más opulencia. E, incluso dentro del rango de estímulos que sí nos son accesibles, tanto el oído como la vista y el olfato están «afinados» para ser más sensibles a una submuestra de todos los estímulos que percibimos.

¿Por qué son tan parcos nuestros sentidos? Hay dos razones principales: las limitaciones y las adaptaciones. Sencillamente no disponemos del equipamiento necesario para acceder a todo el mundo que nos rodea. Las longitudes de onda cortas, las de la luz ultravioleta, portan cantidades peligrosas de energía que pueden causar estragos en el interior de la retina humana, mientras que las longitudes de onda de la luz infrarroja tienen una cantidad de energía demasiado reducida como para que lleguen a captarla los fotorreceptores de la vista humana. Y también hay contrapartidas. La aparición de un oído sensible a las frecuencias ultrasónicas suele producirse a costa de no oír frecuencias bajas.

Asimismo hay razones adaptativas para explicar las restricciones sensoriales. En el mundo actual de los «datos masivos» sabemos que conseguir información suele ser lo más fácil. El verdadero reto consiste en procesar los datos mediante computadora para convertirlos en patrones con significado. Secuenciar un genoma es ahora pan comido; averiguar lo que significa ya es otra historia. El cerebro tiene el mismo problema: el procesamiento es caro, y cuanta más información llega al cerebro, menos eficaces somos interpretándola. Los canales sensoriales son una vía para separar el ruido de la señal antes de que esta llegue al cerebro. Las únicas experiencias sensoriales relevantes desde un punto de vista evolutivo son las que aumentan o reducen la capacidad de un individuo para sobrevivir y reproducirse. Dentro de todo el rango de estímulos accesible a un ente biológico, es de esperar que sus órganos sensoriales capten mejor lo que más importa. Esto es lo que sucede con el oído de muchas ranas: los órganos del oído interno están afinados para percibir mejor las llamadas de su propia especie. ¿Qué sonido podría ser más adaptativo que ese? Tal vez pienses que también sería adaptativo que tuvieran el oído afinado con las llamadas de ecolocalización del murciélago ranero. Este podría ser uno de esos casos en los que la adaptación se topa con una limitación. Suponemos, aunque en realidad no lo sabemos con seguridad, que existen algunas restricciones de diseño que impiden que el oído de la rana túngara capte sonidos ultrasónicos, además de detectar las frecuencias mucho más bajas de sus gemidos y sus chasquidos. Por otra parte, existe una especie de rana en China que emplea reclamos ultrasónicos y parece capaz de oírlos.[6] Esto también induce a pensar que la rana túngara debería ser capaz de detectar la ecolocalización de los murciélagos, pero no es este el caso. Es probable que en algún momento lleguemos a saber por qué.

* * *

Los órganos sensoriales introducen los primeros sesgos en lo que percibimos, y establecen los fundamentos de la estética sexual. Pero el trabajo laborioso tiene lugar en el cerebro. Cada órgano sensorial envía información al centro de procesamiento central, donde pasa de un centro de procesamiento, o núcleo, al siguiente, de tal manera que cada uno de ellos define con más finura cada percepto a partir de lo que vemos, oímos u olemos. En el caso de los grillos y las ranas, las neuronas del cerebro están afinadas para las distintas propiedades de los reclamos de apareamiento de estas especies, como la frecuencia, el tono y la duración de las llamadas. Estas neuronas pueden combinar la información de tal manera que la llamada correcta concuerde con el percepto de una pareja atractiva, mientras que otros sonidos, como los reclamos de otras especies o incluso de otros machos de la misma especie, no llegan a concordar con esos criterios. Como señalamos en el capítulo anterior, cuando una hembra de rana túngara oye un gemido o, mejor aún, un gemido con chasquido, el principal centro auditivo de su cerebro se activa con más excitación que cuando oye cualquier otro sonido o el gemido de otra especie. Lo mismo ocurre con los olores sexuales para la mosca de la fruta. Aunque el viaje desde el canal sensorial hasta el cerebro es más directo en las moscas, hay grupos de neuronas del cerebro con una sensibilidad exquisita para los aromas sexuales, pero que son totalmente insensibles a otra clase de olores.

Los machos de la mosca de la fruta tienen una feromona sexual llamada *cVA* que estimula el cortejo en las hembras y lo inhibe en los machos.[7] La estructura molecular de esta feromona es complementaria a la estructura de un receptor olfativo específico en las antenas de la mosca llamado *Or67d.* La molécula cVA encaja perfectamente en el receptor Or67d, como una pieza esférica en un hueco curvo. Este acoplamiento es la señal que indica a la hembra que está detectando un macho de su misma especie. Las piezas cuadradas, como las feromonas de otras especies, no encajarán y, por tanto, no serán identificadas como pertenecientes a una pareja adecuada. Cuando se produce este acoplamiento perfecto, Or67d envía un mensaje al cerebro de la mosca, donde se une a otros estímulos entrantes para desencadenar la atracción sexual de la hembra hacia el macho (y, como respuesta, ella lo corteja). Este no es el único estímulo importante en la mosca para atraer pareja, pero la activación de este receptor es tanto necesaria como suficiente para que las hembras inicien el cortejo. ¿Qué relevancia tiene este receptor para definir la estética sexual de la hembra de la mosca de la fruta? Cuando los investigadores sustituyen este receptor por un receptor de feromonas de polilla, ¡las moscas mutantes inician el cortejo al oler un macho de polilla!

Hasta para los animales que parecen centrados en una sola modalidad sensorial, el mundo es un lugar multimodal. Sí, tendemos a contemplar el cortejo de los distintos animales en el contexto de una modalidad sensorial u otra. Los peces y las mariposas suelen efectuar un cortejo visual, las polillas y los mamíferos usan olores, y las ranas y los grillos recurren a sonidos. Aunque muchos animales realizan el cortejo basándose sobre todo en una modalidad, la mayoría de ellos es multimodal, porque, antes de elegir, todas las especies parecen empeñadas en obtener la máxima información posible de las manifestaciones del pretendiente. Reflexionemos sobre el habla humana. Movemos los labios para hablar, lo que permite que los sonidos salgan de la boca con la forma que le dan los labios para convertirlos en fonemas reconocibles. Pero los labios también dan información, sin quererlo, sobre lo que decimos, suficiente información como para ayudarnos a entender un discurso en un entorno ruidoso, o para leer los labios y saber lo que se está diciendo cuando se padece sordera. El saco vocal de las ranas es similar a los labios en tanto que es necesario para que el pretendiente emita sonidos, pero también está integrado en la percepción que tiene la hembra del aspirante. Las hembras de ciertas especies de ranas se sienten más atraídas hacia los reclamos cuando ven que el saco vocal del macho palpita con ellos.[8] Sin embargo, esta señal visual no influye mucho en las hembras si no va acompañada de una llamada, igual que la aguja oscilante del metrónomo no dice mucho a nuestro sentido del ritmo sin el sonido del pulso.

Hasta las moscas tienen una estética sexual multimodal. El cóctel de recursos utilizados para el cortejo y para la elección de pareja incluye sonidos o «canciones de amor» interpretadas con la vibración de las alas, danzas atléticas que se perciben con la vista, el «sabor» de un macho potencial y, tal como dijimos antes, fragancias sexuales. Todos estos tipos diferentes de estímulos están integrados en el cerebro y emergen como definitorios de una pareja atractiva de una manera muy específica. Por ejemplo, las moscas de la fruta se toquetean mucho durante el cortejo y, como tienen receptores del gusto repartidos por buena parte del cuerpo, durante el cortejo se saborean mucho. El sabor de una hembra adecuada activa el receptor gustativo del macho (también conocido con el nombre más romántico de *ppk23+*), que entonces acrecienta su atracción hacia la hembra que acaba de saborear.[9] Pero ella solo le resultará más atractiva si el sabor se combina con los estímulos olfativos y visuales adecuados, como la feromona cVA. Una de las tareas importantes del cerebro sexual de todos los animales, sobre todo el nuestro, consiste en sumar las estimulaciones captadas por los distintos sentidos, integrarlas todas y, después, determinar cómo encaja este concepto incipiente de pareja potencial en nuestra estética sexual de lo bello.

Cada sentido está sesgado hacia rasgos sexuales que lo estimulan, y el cerebro, hacia aquellas combinaciones de estímulos que considera sexualmente atractivas. Pero, ¿qué reglas determinan esas estéticas sexuales? Como señalé más arriba, el cerebro ha evolucionado para detectar las cosas que importan. ¿Qué puede tener más importancia que conseguir la pareja adecuada? Con «pareja adecuada» no me refiero a la mejor; eso será más adelante, pero lo primero es lo primero. Y lo primero es encontrar una pareja que encaje, una pareja cuyos gametos se unan a los míos para producir una descendencia viable. Este criterio prioritario y crucial se traduce en que la pareja elegida sea de la especie correcta, y la especie correcta es justamente la tuya, seas lo que seas.

Elegir la pareja correcta, la especie correcta, es una parte esencial de la estética sexual de cualquier animal, porque los genes no actúan solos, sino que forman parte de un genoma completo, y los genes han evolucionado para ser funcionales en su contexto genético particular, con otros genes de la misma especie. Diferentes especies de los peces de acuario conocidos como *platis*, por ejemplo, tienen distintos genes supresores de tumores.[10] Cuando se cruzan especies distintas, se altera la funcionalidad de estos genes, y los híbridos padecen melanoma, el mismo cáncer de piel que mata a más de cincuenta mil personas cada año. En general, los cruces entre especies son negativos porque los genes de especies diferentes no suelen ser compatibles. Debido a varios tipos de incompatibilidades, la fertilización apenas ocurre, y, si lo hace, el desarrollo suele malograrse. El coste de este error al elegir pareja es grande, sobre todo para las hembras, que desperdician su inmensa inversión en huevos. Por suerte, el cerebro es bastante bueno detectando la especie correcta, porque hace que quienes eligen se sientan más atraídos por rasgos de su propia especie (conespecíficos) que por los de otras especies (heteroespecíficos). Los detalles de cómo realiza el cerebro este encaje entre parejas varían, pero los principios generales son similares en todas las especies y en todas las modalidades sensoriales.

En el capítulo anterior señalé que las seis mil especies de ranas que existen usan un reclamo de apareamiento específico y único en cada una de ellas. Estos sonidos proporcionan suficiente información al cerebro de la hembra, siempre que funcione como debe, para que esta identifique correctamente los machos de su especie, frente a machos de otras especies. Y el cerebro está preparado para hacer esto con todas las especies analizadas. El sistema auditivo de las ranas está sesgado para reaccionar mejor ante combinaciones de sonidos de su propia especie. Esto se consigue, como ya se ha dicho, mediante conjuntos de neuronas que están sesgadas hacia los patrones de sonido específicos peculiares de su especie. Lo mismo sucede con el sistema auditivo de los grillos y las aves, con el sistema visual de peces y mariposas, y con el sistema olfativo de polillas y mamíferos. El primer atributo de la estética sexual de un animal suele centrarse en conseguir una pareja de su propia especie. Por eso la atracción sexual rara vez se extiende a otras especies.

La primera regla de la atracción sexual puede tener algunas consecuencias importantes inesperadas. Dentro de un grupo de urogallos macho en un *lek* o de peces macho en un arrecife de coral, habrá algunos individuos que encajen mejor que otros en el perfil de «conespecíficos»; todas son parejas «adecuadas» para una hembra, pero algunas parecen más idóneas que otras, y serán esas las preferidas para aparearse porque concuerdan mejor con la estética sexual del cerebro. Puede que lo único mejor del individuo elegido sea que tiene más belleza sexual, pero no más salud, más riqueza ni más sabiduría que el resto.

Una vez que los electores identifican un grupo de posibles parejas conespecíficas es de esperar que pasen al siguiente criterio para localizar un «buen partido». Como veremos en los próximos capítulos, ciertos atributos de los rasgos sexuales indican cualidades de un pretendiente beneficiosas para el elector. Si una gran cornamenta, hombros anchos, o un canto variado revelan signos de que una pareja potencial controla mejores recursos, que será mejor progenitor o que tiene genes más compatibles, entonces es de esperar que el cerebro evolucione para incluir esos rasgos dentro de la estética sexual del elector. Por tanto, la segunda regla de la estética sexual de un animal consiste en no limitarse tan solo a buscar un conespecífico (regla número 1), sino, además, a conseguir uno bueno (regla número 2). En el fondo, una buena pareja se define como aquella que incrementará la cantidad de descendencia del elector o, en otras palabras, la que incremente la eficacia biológica darwiniana del elector.

Hasta aquí nos hemos centrado en cómo está organizado el cerebro para ofrecer parejas conespecíficas y de buena calidad asociando la percepción de la belleza sexual con esa clase de individuos. Cuando reflexionamos sobre la manera en que evolucionan los animales para sobrevivir en su entorno, solemos contemplar el entorno como un agente de selección que hace que los animales desarrollen rasgos, los blancos de la selección, para adaptarse al entorno. Temperaturas más frías (agente) seleccionan una piel más gruesa (blanco) en muchos mamíferos, pero eso no implica que el entorno evolucione para alcanzar temperaturas aún más bajas. En cambio, el cerebro sexual es un blanco de la selección (porque evoluciona como respuesta a la selección para ofrecer ciertos tipos de parejas) y, al mismo tiempo, un agente de la selección (porque favorece el desarrollo de belleza sexual en el sexo opuesto). Por tanto, una de las maneras en que evoluciona la belleza sexual consiste en que los pretendientes desarrollen rasgos que aprovechen la estética sexual del elector. Esto fue lo que sucedió en la rana túngara cuando los machos desarrollaron un chasquido para aprovechar el afinamiento preexistente en la papila basilar del órgano auditivo. Esto es lo que denominamos *explotación sensorial.*

En los tres próximos capítulos veremos muchos ejemplos de explotación sensorial. Pero uno de los más conocidos lo revelaron los estudios de peces platis y cola de espada que efectuó Alexandra Basolo cuando era estudiante de posgrado.[11] Ambos tipos de peces se encuentran con facilidad en la tienda de mascotas del barrio. Son parientes cercanos entre sí, pero difieren en cuanto a la presencia o ausencia de un rasgo sexual particular. La cola de los machos de cola de espada presenta una prolongación muy afilada que hace honor a su nombre. Las hembras del pez cola de espada prefieren los machos con la cola más larga. ¿Y qué hay de los platis? No tienen esa prolongación en la cola, pero ¿y si de repente un macho desarrollara una? Basolo respondió esta pregunta colocando una espada de plástico a algunos machos y dejando que las hembras eligieran entre machos normales de plati y los provistos de una espada artificial. La hembra de plati prefirió los machos con espada. Esto significa que la hembra de plati tiene una preferencia oculta por las espadas, aunque sus machos no estén dotados de ellas. Como los peces plati y los peces cola de espada son parientes cercanos entre sí, esto significa que comparten un ancestro común reciente. Basolo aplicó el principio evolutivo de la parsimonia a este problema, del mismo modo que lo apliqué yo al oído y los chasquidos de la rana túngara en el capítulo dos, y llegó a la conclusión de que los peces plati y los peces cola de espada comparten una preferencia por las espadas heredada de su ancestro común reciente. Por eso cuando colocó una espada al macho de pez plati, hubo una preferencia inmediata por ella. Basolo no tuvo que esperar en el laboratorio a que la hembra de plati evolucionara y desarrollara esta preferencia, ni un macho de plati tendría que quedarse esperando a ser considerado más bello si acabara desarrollando una espada de verdad. Tendría un éxito inmediato entre las hembras de su especie.

Las preferencias ocultas suelen permanecer latentes en la estética sexual de los animales, enmascaradas para los demás porque aún no hay rasgos sexuales que las despierten. Pero si acaba surgiendo un rasgo así, uno que concuerde con esta estética sexual particular o que la aproveche, entonces se valora de inmediato como sexualmente bello y, si todo lo demás se mantiene igual, la evolución no tardará en desarrollarlo y convertirlo en algo común entre los machos. Esta concepción de cómo evoluciona la belleza sexual era prácticamente desconocida antes de 1990, hasta que otros investigadores y yo desarrollamos esta teoría. Ahora se cree que es uno de los factores más importantes que impulsan la evolución de la belleza sexual.

Podría pensarse que los peces cola de espada y la rana túngara con chasquidos son la vanguardia de especies similares en cuanto a desarrollo evolutivo, puesto que solo ellos han adquirido recientemente estos rasgos sexualmente deseables. Pero también podría interpretarse que son las últimas especies que conservan un rasgo ya desaparecido debido a presiones de competencia, como el riesgo de depredación. No olvidemos que la evolución da y la evolución quita.

* * *

Cuando los machos «explotan» un sistema sensorial de la hembra desarrollando un rasgo que la atrae para aparearse, esa explotación no implica que elegir esos machos tenga un coste para las hembras. Cuando la señal de un macho encaja mejor con los sesgos neurológicos de la hembra, suele percibirse con más facilidad y, por tanto, la elección del macho por parte de la hembra es más rápida y eficiente. Las zonas de apareamiento suelen ser lugares peligrosos debido a la cantidad de depredadores y parásitos que permanecen al acecho, de modo que elegir con rapidez suele implicar elegir con seguridad: sexo rápido, sexo seguro. Por tanto, suele ser beneficioso para las hembras que el macho desarrolle rasgos mediante explotación sensorial para «explotar» los sentidos de ellas.

En ocasiones la explotación sensorial sí depara consecuencias negativas para los electores. Pero, incluso cuando la explotación sensorial tiene un coste aparente, el coste real debe calcularse dentro del contexto de todo el resto de actividades del elector, ya que a veces desvelan un precio no tan elevado como cabría pensar.

Un buen ejemplo lo ofrece el sexo plantas-animales. La mayoría de las flores regalan néctar o polen a sus polinizadores por ayudarlas a reproducirse.[12] Las orquídeas abeja son una gran excepción. Estas orquídeas usan la explotación sensorial imitando la silueta y los olores de abejas hembra para atraer a los zánganos que han desarrollado sistemas sensoriales y rutas neuronales que responden a esas formas y olores cuando buscan pareja. El zángano intenta copular con una de esas flores y, al hacerlo, arrastra consigo algo de polen. Al final se da cuenta de que su objeto de deseo no es una hembra y se marcha volando. La siguiente orquídea que lo engañe será polinizada con el polen que transporta, y también vuelve a llevarse polen de este segundo objeto de su desatinada atención sexual, el cual volverá a dejar en la siguiente orquídea embaucadora que visite. Con el tiempo acaba encontrando una hembra, pero estas son difíciles de conseguir. A primera vista, esta pérdida de tiempo parece cara.

¿Cómo pueden ser tan estúpidos los zánganos? A decir verdad, debemos considerar su atracción hacia las hembras como un problema de detección de señales. Supongamos que existe un conjunto de estímulos que indica si ese otro animal (o la planta que lo imita) es una pareja apropiada o no. Los animales pueden tomar dos tipos de decisiones correctas en estas circunstancias: aceptar parejas apropiadas o rechazar parejas inapropiadas. Pero todos cometemos errores, y la teoría de detección de señales contempla dos de ellos: el falso positivo o falsa alarma (la identificación incorrecta de un individuo inapropiado como posible pareja) o el falso negativo o dejar pasar la oportunidad (la equivocación de rechazar una pareja apropiada). ¿Qué error preferirías cometer tú? Depende del coste que tenga cada error. Si hay muchas parejas disponibles y el coste de copular con una flor sale caro, entonces será mejor poner el listón alto para reconocer una pareja, aunque eso conlleve dejar pasar algunas parejas verdaderas. Pero si es difícil encontrar pareja, como es el caso de los zánganos de las orquídeas y no cuesta tanto sobar una flor, entonces es mejor bajar el listón de lo aceptable. Cuando al fin encuentres una hembra no querrás dejarla pasar, así que tampoco es tan grave andar tonteando con algunas flores mientras eso ocurre. La primera vez que reflexionamos sobre la decisión de un zángano de dejarse atraer por una orquídea nos parece bastante inaceptable, pero cuando consideramos esa decisión dentro del contexto más amplio de la vida del zángano, le encontramos todo el sentido. El pequeño coste de sobar una flor es inferior al gran coste de rechazar una hembra auténtica por tener un percepto demasiado remilgado de la belleza sexual.

Por último, si aparearse con un pretendiente explotador supone un coste mayor para el elector, entonces es de esperar que el elector desarrolle una respuesta nueva, tal vez una falta de respuesta, ante ese rasgo explotador. Es decir, los sesgos sensoriales que dan lugar a la explotación sensorial cambiarían a lo largo del tiempo evolutivo. Una forma de que esto ocurriera sería que las hembras evolucionaran para abandonar sus preferencias sesgadas en favor de preferencias nuevas por rasgos sexuales que sean indicadores fiables de cualidades importantes en los pretendientes, aquellas cualidades que repercutan en la cantidad de descendencia fructuosa.

Ya hemos visto que la importancia de aparearse con la especie correcta puede influir en la evolución de las preferencias por rasgos que indican que un pretendiente es un conespecífico. También hay rasgos dentro de las especies que indican que un individuo es un buen partido, y cabría esperar que los electores de cada especie evolucionaran para desarrollar una preferencia por esos rasgos a la hora de elegir pareja. El renombrado sociobiólogo Amotz Zahavi sugirió que los pretendientes que exhiben rasgos costosos, como la cola del pavo real, demuestran a los electores su vigor físico al ser capaces de soportar esa desventaja.[13] Si la capacidad del pretendiente para sobrevivir con esta desventaja tuviera una base genética, entonces transmitiría sus genes a la descendencia que tuviera con su pareja, y la longitud de la cola sería un indicador fiable para las hembras que buscan un «buen partido». Veremos algunos de los matices del principio del *handicap* en el capítulo ocho.

* * *

Puede que el cerebro sea el órgano sexual más importante, pero también tiene otras cosas en mente. El cerebro y los sistemas sensoriales son cruciales para captar todos los aspectos de nuestro entorno ambiental y social porque dan sentido a todos esos datos entrantes y, después, responden en consecuencia. El cerebro tiene prioridades, y en algunos casos debe optimizar la ejecución de tareas en un dominio que más tarde influirán en su funcionamiento en otros dominios. La alimentación y el sexo son un buen ejemplo de esta interacción.

La alimentación y el sexo han estado entrelazados en nuestra cultura durante siglos. La comida suele formar parte del ritual del cortejo; atribuimos a las ostras y el chocolate propiedades afrodisíacas, y la cereza simboliza la virginidad. Hasta denominamos *apetitos* a nuestros deseos sexuales. La asociación entre comida y sexo es algo distinta entre los animales no humanos, y la interacción entre ambos es menos transparente. En algunos casos, las propiedades de aquello que ven mejor los animales se pueden explicar por la manera en que evolucionó la vista para encontrar comida. En los primates, por ejemplo, se cree que la percepción del color evolucionó para localizar el colorido de los frutos rojos maduros. La reacción de algunos monos macho ante el intenso color rojo del trasero de las hembras receptivas, así como la atención que prestamos nosotros mismos al rojo y el verde de los semáforos y a los coloridos manchurrones de los cuadros de Jackson Pollock no serían posibles si nuestros ancestros solo buscaran alimentos dentro de la escala cromática de grises. En otras especies, sobre todo los peces, la evolución juega con las longitudes de onda a las que son más sensibles los fotopigmentos de la retina con la finalidad de detectar alimento en la compleja luz ambiente que caracteriza la vida subacuática. Las preferencias de algunos peces por los colores intensos de cortejo en los machos no surgieron hasta que los ojos desarrollaron sesgos hacia esos colores para buscar comida.

En los próximos tres capítulos veremos cómo perciben la belleza sexual los sistemas visual, auditivo y olfativo, y en cada caso ilustraré que esos sesgos evolucionaron a menudo en un primer momento para responder a necesidades distintas del sexo. Esta influencia general del entorno en la evolución de los sentidos se denomina *impulso sensorial* y es un proceso importante que sienta las bases de la estética sexual en gran parte del reino animal.

* * *

El impulso sensorial puede actuar sobre funciones cerebrales de un orden superior que no son específicas de ninguna modalidad sensorial particular, sino que son procesadores generales que operan en cualquiera de nuestros sentidos, o en todos ellos, y que pueden aplicarse en muchos dominios. Son los procesos cognitivos y, al igual que los procesos sensoriales recién mencionados, también ellos pueden ejercer gran influjo en la estética sexual de un individuo, incluso cuando evolucionen fuera de un contexto sexual. A continuación revisaré tres de estos procesos para establecer las bases del análisis posterior. Así que empezaremos haciéndonos una idea de cómo es posible que la habituación, la generalización y las leyes de comparación (ley de Weber) sean una parte importante de la estética sexual.

Nate Silver, conocido experto en estadísticas de béisbol y en encuestas políticas, plantea una pregunta fundamental en su libro *The Signal and the Noise:*[*] ¿Cómo los diferenciamos?[14] Los animales son muy buenos haciendo eso; se limitan a ignorar el ruido para prestar atención a la señal. Lo ideal sería que los órganos sensoriales filtraran y eliminaran un montón de ruido procedente de un estímulo antes incluso de que este llegara al cerebro, pero el cerebro usa un sistema excelente para manejarse con el ruido que consigue pasar: la habituación.

Tiene poco sentido que un ave del litoral oiga y procese el sonido constante de las olas rompiendo contra la costa; le vale más

* Versión en castellano: *La señal y el ruido: cómo navegar por la maraña de datos que nos inunda, localizar los que son relevantes y utilizarlos para elaborar predicciones infalibles*, de Nate Silver; Barcelona: Ediciones Península, 2014, trad. de Carles Andreu Saburit y Carmen Villalba Ruiz. (*N. de la T.*)

usar el cerebro para centrarse en la búsqueda de peces pequeños entre el oleaje y en captar los chillidos de los halcones que provienen de las alturas. ¿Quién tiene tiempo para el ruido, sobre todo si siempre suena igual? Normalmente es mejor ignorarlo o, más en concreto, habituarse a él. Además de ahorrarle sitio y tiempo al cerebro, la habituación también establece umbrales para saber que acaba de ocurrir algo importante, porque nos alerta cuando se produce algún cambio. Cuando caminamos por una calle ruidosa, al cabo de un rato dejamos de notar el zumbido constante del tráfico a nuestro lado, nos habituamos a él y lo eliminamos de la cabeza. Pero cuando alguien usa el claxon, nos deshabituamos de inmediato y nos sobresalta la alerta. La habituación y su contrario, la deshabituación, son adaptaciones relevantes para la supervivencia. Es más importante notar el sonido de la rama que se rompe bajo la pata de un depredador, que el ruido constante del viento. Y, como señalamos antes, los cerebros evolucionan para percibir lo que importa.

La habituación supone un verdadero problema durante el cortejo, porque este consiste en exhibiciones repetitivas, pero parece que algunas exhibiciones complejas de cortejo han evolucionado para evitar que el receptor se aburra. Los ruiseñores, por ejemplo, pueden emitir más de mil trinos en una sola noche. ¿Cómo mantienen el interés de la hembra? Una solución consiste en que, si tienes que cantar sin parar, al menos varíes la melodía. Hasta en el caso de los zanates norteños, donde cada macho produce un tipo de trino único en la naturaleza para el cortejo, las hembras manifiestan una respuesta mayor a estímulos artificiales de cortejo consistentes en un repertorio de cuatro tipos distintos de trinos.[15] La complejidad es un buen antídoto contra el aburrimiento; en los próximos capítulos veremos lo relevante que ha sido para la estética sexual arraigada en la mayoría de nuestros sentidos.

* * *

Otro proceso cognitivo con gran peso en la percepción de la belleza es la generalización. Del mismo modo que el cerebro está diseñado para ofrecer parejas apropiadas, también está sometido a una intensa presión de selección para reconocer individuos y situaciones que se repiten con frecuencia y para determinar si reaccionar ante ellos y, en tal caso, de qué manera. El cerebro es un órgano asombroso, pero no lo sabe todo, y existe un mecanismo crucial que nos permite emitir suposiciones fundadas cuando nos topamos con individuos o situaciones nuevas: la generalización.

Si nunca hemos visto un individuo antes, podemos decir con facilidad si es un humano o algún otro primate, y solemos saber si es hombre o mujer, niño o niña. Estas discriminaciones se basan en generalizaciones a partir de las cuales conocemos nuestra especie, nuestro sexo y el género cultural. En ocasiones establecemos generalizaciones bastante precisas, mientras que otras veces son terriblemente equivocadas. Pero, en promedio, la generalización suele ser mejor que las suposiciones aleatorias. Estas generalizaciones pueden servir de base para la aparición de la belleza sexual.

Una habilidad esencial imprescindible para la reproducción sexual es la capacidad de diferenciar entre machos y hembras. Muchos animales lo aprenden, y en el ave diamante mandarín el aprendizaje para identificar el sexo da lugar a algunos sesgos interesantes en la atracción sexual. Los progenitores biológicos son un macho y una hembra. Si ambos crían la descendencia, es una buena oportunidad para que los jóvenes aprendan a diferenciar ambos sexos. Los polluelos de diamante mandarín aprenden a asociar el pico naranja de su madre con «hembra» y el pico rojo de su padre con «macho».[16] Cuando son adultos, estos pájaros utilizan la información adquirida a partir de su experiencia con tan solo dos individuos, mamá y papá, para diferenciar el sexo de todos los demás ejemplares de diamante mandarín que se encuentren en la vida. Pero los naranjas y los rojos varían y no siempre coinciden exactamente con el color del pico de mamá y papá. Como el cerebro no tiene un directorio para asociar todos los matices de rojo y naranja con cada individuo con el que se cruzará, hace todo lo que puede para emitir una suposición basada en lo que conoce. Si un pico es más naranja, es más probable que ese pájaro sea hembra; si es más rojo, entonces es más probable que sea macho. En caso de tonos intermedios entre el rojo y el naranja, el ave tendrá más probabilidad de equivocarse. Como veremos enseguida, esta regla de generalización no solo permite la identificación correcta de los sexos, sino que sirve de base a la evolución para que se extremen las diferencias de color del pico entre ambos sexos.

A veces es más importante identificar qué no eres, en lugar de qué eres. Supongamos que un macho de diamante mandarín busca pareja. Podría elegir una cuyo color de pico se asemeje más al de su madre. Pero también podría elegir una cuyo color de pico difiera al máximo del de su padre. «Buscar algo como mamá» implica buscar un tono muy concreto de naranja, mientras que «buscar algo diferente a papá» establece una preferencia indefinida por más tonos de naranja. Esto es lo que hace el macho de diamante mandarín.[17] Este fenómeno se denomina *efecto de desplazamiento del máximo*, y puede favorecer la evolución de rasgos más extremos. Aunque no hubiera diferencias inherentes entre hembras aparte del tono del color naranja del pico, la generalización favorece que la evolución dé lugar a picos más naranjas en las hembras, porque eso permite identificarlas con más fiabilidad y encaja mejor con la estética sexual del macho. También hay indicios de este fenómeno en nuestra propia especie, puesto que a menudo encontramos más atractivos a los hombres con rasgos más masculinos, como espaldas más anchas y voces más graves, y a las mujeres con rasgos más femeninos, con pechos más prominentes y con más curvas. La generalización y las preferencias indefinidas que esta genera son dos mecanismos psicológicos que pueden servir en gran medida para explicar la aparición de una belleza sexual compleja.

* * *

Por último, veamos un proceso cognitivo que sesga nuestra percepción de diferencias: la ley de magnitudes de Weber. Tanto con humanos como con animales solemos aludir a un mercadillo sexual donde los electores establecen comparaciones para elegir a los pretendientes, y la mayoría de esas comparaciones se basa en la magnitud de los rasgos sexuales del aspirante. Cientos de estudios han demostrado que las hembras tienden a elegir machos con: colores más intensos, colas más largas, trinos más complejos y cornamentas más grandes.[18] Pero, ¿cuánto tienen que diferir esos rasgos para que se perciban diferentes? O, más en concreto, ¿qué reglas seguimos para comparar la magnitud de los estímulos? Saber qué mecanismos usa el cerebro para comparar cosas ayuda a entender qué resulta más bello a un elector, y tal vez exista una ley simple que explique en gran medida esta preferencia y los límites por encima de los cuales es capaz de funcionar.

Las comparaciones humanas relacionadas con «cuánto» suelen basarse en proporciones, no en diferencias absolutas. Esto lo postuló por primera vez uno de los psicofísicos pioneros de la historia, el científico alemán Ernst Heinrich Weber en el siglo XIX.[19] Si apenas apreciamos la diferencia entre un peso de un kilogramo y otro de tan solo 50 gramos más, tendrá que haber una diferencia muy superior a esos 50 gramos para que podamos diferenciar un peso de un kilogramo de otro mayor.

La ley de Weber podría funcionar como un freno cognitivo para ralentizar el desarrollo de una belleza sexual exagerada, al menos en una especie.[20] Tal como señalamos en el capítulo anterior, las hembras de rana túngara prefieren cantos de apareamiento con más chasquidos frente a aquellos consistentes en pocos chasquidos. Si esta preferencia se basara en comparaciones absolutas, entonces no debería importar la cantidad total de chasquidos, sino únicamente la diferencia absoluta en cuanto a la cantidad de chasquidos. Entonces, la probabilidad de que una hembra prefiera un canto con dos chasquidos frente a otro con solo uno debería ser igual a la probabilidad de que prefiera un canto con seis chasquidos frente a otro con cinco. En cambio, si las hembras siguieran la ley de Weber, entonces la preferencia por cantos con dos chasquidos frente a uno solo sería más acusada que la preferencia por seis en lugar de cinco chasquidos. Cuando Karin Akre, un servidor y un equipo de más personas sometimos a las hembras a pruebas con pares de cantos con más chasquidos frente a otros con menos chasquidos, quedó claro que las hembras seguían la ley de Weber y se regían por diferencias proporcionales en lugar de absolutas al elegir pareja.[21] Como las hembras apenas aprecian la diferencia entre cinco y seis chasquidos, hay poca presión para que los machos desarrollen la capacidad de producir una cantidad mayor que esa de chasquidos y, por tanto, debería frenarse el ritmo al que la evolución produzca chasquidos adicionales.

El murciélago ranero también se siente atraído por el canto de la rana túngara. Al igual que las ranas hembra, prefiere muchos chasquidos en lugar de pocos, pero, a diferencia de las hembras, lo que buscan los murciélagos es alimento, no una pareja. Sometimos a los murciélagos a las mismas pruebas de elección que a las hembras, dándoles a elegir entre pares de cantos que tan solo variaban en cuanto a la cantidad de chasquidos. Los murciélagos también siguieron la ley de Weber. Nuestra interpretación de estos resultados es que la forma en que la hembra de rana túngara compara el número de chasquidos no es una adaptación específica de esta especie para elegir pareja, sino que resulta de una forma de comparar magnitudes de estímulos que la evolución desarrolló en algún momento del pasado antes de que los sonidos de los chasquidos acompasaran las noches tropicales de buena parte de América Central.

* * *

Hasta aquí he comentado cómo crea el cerebro la estética sexual de un animal, cómo están diseñados nuestros perceptos de la belleza para proporcionarnos parejas idóneas, y también cómo derivan esos perceptos de otras funciones para las que está diseñado el cerebro. Pero asimismo es importante saber no solo por qué nos parecen tan bellos ciertos individuos, sino también por qué los encontramos tan deseables sexualmente. En el lenguaje cotidiano identificamos la atracción con el gusto, y a menudo damos por supuesto que gustar y desear son la misma cosa. Pero ahí nos equivocamos. El «deseo» sale del «gusto», pero no son sinónimos. Para desentrañar estos dos conceptos, debemos examinar a fondo el cerebro y descubrir sus centros de placer.

Nueva Orleans es conocida como «*the Big Easy*», algo así como «la gran vida», un apodo que compara su estilo de vida relajado y tranquilo con el más ajetreado de «*the Big Apple*», o «la gran manzana», que es la ciudad de Nueva York. ¿Qué puede facilitar más la vida que pulsar un botón cuando quieres un poco de placer? Suena a fantasía, pero es una fantasía hecha realidad por Robert Heath, siquiatra de la Universidad de Tulane de Nueva Orleans durante la década de 1950.[22] Heath implantó electrodos en «áreas profundas» del cerebro de pacientes con diversas enfermedades. Cuando estimulaba esas áreas, los pacientes con depresión en fase de estado catatónico sonreían. Heath cedió entonces a algunos de esos pacientes el control de su propio placer, proporcionándoles los botones que les permitían la estimulación electrónica de esas áreas hedónicas del cerebro. Los resultados fueron escalofriantes. Un paciente se estimuló 1.500 veces durante una sesión de tres horas. Sin embargo, tanto con este paciente como con todos los demás la euforia duraba poco; cuando cesaba la estimulación, también cesaba el placer. Estudios similares con ratas efectuados durante esa misma década revelaron resultados análogos: algunas ratas accionaban las descargas de disfrute mil veces cada hora, incluso renunciando a alimentarse si era necesario.

Heath había estudiado los centros de placer del cerebro, y con ello inició un campo de investigación que desde entonces ha experimentado un crecimiento exponencial. Uno de los descubrimientos principales es que el neurotransmisor asociado a los centros de recompensa es la dopamina. La dopamina es un opiáceo con propiedades parecidas a las del opio, la heroína, la morfina, el Percodan® y la codeína, todas ellas sustancias vinculadas a los receptores que estimulan la producción de dopamina, de ahí esta asociación peyorativa de los neurotransmisores con el «sexo, drogas y rocanrol» y con una serie de otros vicios placenteros como el juego y la glotonería que van asociados al incremento de los niveles de dopamina en el cerebro. Como sucede con muchos hallazgos en ciencia, estudios subsiguientes revelaron más detalles y matices de los apreciados en un primer momento. Ahora sabemos que estos sistemas de recompensa tienen dos componentes relacionados tanto con el «gusto» como con el «deseo». Aunque la dopamina ejerce muchas funciones en el cerebro, ninguna de ellas consiste en proporcionar placer de por sí, no guarda relación con el «gusto». Tal como han evidenciado Kent Berridge y su equipo, la actividad de la dopamina modula el «deseo» porque «espolea la saliencia incentiva».[23] Explicaré qué significa esto.

Podemos preguntarle a alguien si le gusta cierta comida, o podemos esperar a ver qué cara pone al probarla. En la película *Cuando Harry encontró a Sally*, protagonizada por Meg Ryan y Billy Crystal, el personaje que interpreta Meg Ryan finge un orgasmo mientras cena en el conocido local Katz's Delicatessen de Nueva York. Cuando termina su clímax simulado, una mujer de una mesa cercana cree que el placer orgásmico de Meg tiene que ver con lo que tenía en el plato, y le dice al camarero: «Tomaré lo mismo que ella». Vale, no es tan fácil valorar la reacción de alguien ante la comida, pero se acerca. Manifestamos distintas reacciones faciales ante el sabor del chocolate y el de la leche cortada, o ante un vino sensacional y uno difícil de tragar. Los roedores no son muy diferentes, y Berridge usó los gestos faciales que ponen los ratones cuando se les da una comida como indicativo de cuánto les gusta. En concreto, midió cuánto se lamían el hocico y los bigotes al recibir un premio dulce.

En un estudio ya clásico, los investigadores aumentaron los niveles de dopamina inyectando anfetaminas en uno de los centros principales del sistema de recompensa de la dopamina. Estos ratones «dopados» no manifestaron mayor placer que los ratones normales como respuesta a alimentos azucarados, pero se mostraron dispuestos a esforzarse más para conseguir comida, a correr más en una rueda de ejercicios para conseguir un bocado. En cambio, los ratones privados de dopamina no estaban dispuestos a trabajar por comida, mostraban poco interés por alimentarse, pero cuando se les obligaba a comer, estaba claro que la comida les resultaba placentera. Este estudio evidenció que la dopamina no está implicada en el gusto, sino en el deseo. Esta diferencia también explica el papel ampliamente reconocido que representa la dopamina en las adicciones de todo tipo: a las drogas, al sexo, al juego o a la comida.

He estado haciendo hincapié en la manera en que los órganos sensoriales, las áreas del cerebro que portan entradas sensoriales y los procesos cognitivos que analizan esta información sensorial pueden tener consecuencias cruciales en la percepción de la belleza. El sistema de recompensa es otra zona del cerebro que puede evolucionar para añadir un refuerzo positivo inmediato a los deseos que potencian la eficacia biológica darwiniana. Asimismo este sistema puede ser explotado por aquellos individuos que quieren ser deseados. De hecho, en el año 2015 la empresa Sprout Pharmaceuticals recibió la aprobación de la Administración de Alimentos y Medicamentos de EE.UU. para comercializar sin restricciones el fármaco Flibanserin, el cual potencia la libido sexual en mujeres, su «deseo» sexual, elevando los niveles de dopamina y de norepinefrina, muy parecida a la anterior y que también aumenta el «deseo», y suprimiendo la serotonina, un neurotransmisor que se sabe que inhibe la libido.[24]

* * *

Ahora que estamos familiarizados con algunos aspectos esenciales del cerebro sexual, profundizaremos en los detalles sobre cómo percibe la belleza a través de los tres sistemas sensoriales principales. Como los humanos tenemos una vista tan buena, empezaremos por ahí. Si te digo que las selvas tropicales de la isla de Barro Colorado son preciosas, pensarás que hablo de rasgos visuales, como una vegetación exuberante por la que se filtra la luz del sol, aunque los sonidos de los pájaros, insectos y ranas y los olores de las flores y de los frutos maduros contribuyan enormemente a llenar de encanto este paisaje. Esta necesidad de visualizar individuos o cosas para conocerlos, entenderlos y valorarlos no es exclusiva de nosotros; muchos animales dependen de la vista para tomar decisiones importantes como con quién aparearse, y, por tanto, la belleza visual abunda en el reino animal. El próximo capítulo da algunas pistas para responder esa pregunta tan frecuente de: «¿Qué verá ella en él?».

4
Bellas visiones

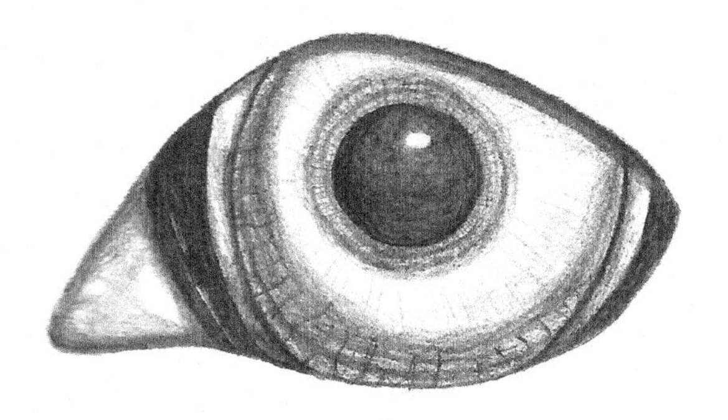

...si los ojos se hicieron para ver, entonces la belleza es su propia excusa para ser.

RALPH WALDO EMERSON

Tommy, el personaje principal de la ópera rock epónima del grupo de música británico The Who, pide a sus seguidores del campamento de verano que lo miren, que lo sientan, que lo toquen, que lo curen;[1] como es natural, lo primero a lo que apela es al sentido de la vista. Aunque estamos dotados de diversos instrumentos sensoriales, ante todo somos animales visuales. Tenemos tan presentes los ojos, que recurrimos al sentido de la vista en expresiones que no tienen nada que ver con ella; *ver* se usa como metáfora de entender: «¿Ves a qué me refiero?», «los árboles no nos dejan ver el bosque», «no eres capaz de ver el problema con claridad».

Una de las cosas que vemos, y a menudo disfrutamos mucho, es el color. ¿Qué otra cosa me habría impresionado tanto de aquel arcoíris espectacular que vi desplegarse sobre las costas irlandesas? Otro atributo importante de nuestra esfera visual es el reconocimiento de patrones, que es especialmente relevante para apreciar ciertos tipos de arte, como el expresionismo abstracto. Este capítulo comienza echando una ojeada (otra expresión visual) a la manera en que explotamos los sesgos del sistema visual para reconocer colores y patrones en algunos ámbitos humanos que no guardan ninguna relación con el sexo. Con ello sentaremos las bases para analizar cómo influyen estos sesgos visuales, y otros, en la estética sexual de los animales y cómo dirigen la evolución de la belleza sexual hasta extremos en ocasiones bastante artísticos.

Gran parte de la belleza que admiramos está repleta de colores vibrantes, ya sean los azules y verdes cromo de *Los lirios* de Van Gogh, los llamativos negros y rojos de los tapices artesanales de Oaxaca o la impresionante mezcla de amarillos, rojos y naranjas del otoño en Nueva Inglaterra. Aunque es seguro que una hembra de quetzal no siente exactamente la misma emoción que me invadió a mí, y describí en el capítulo uno, la primera vez que vi un macho de su especie, a ambos nos sacude ese *collage* de verdes claros, rojos intensos y azules iridiscentes.

Por contraste, consideremos un ejemplo con el que mantenemos una afinidad evolutiva más próxima, los monos aulladores del Nuevo Mundo. Estos primates deben su nombre a las potentes vocalizaciones con las que se comunican a largas distancias y que retumban por gran parte de los bosques tropicales de América. Este aullido pueden suscitarlo las llamadas de otros grupos de aulladores, mi hija Emma, que tiene una extraña habilidad para formar dúos con ellos, y, curiosamente, los restallidos de truenos que salpican la estación lluviosa de las selvas tropicales. Estos monos están bien adaptados para aullar. Sus vocalizaciones se oyen a varios kilómetros de distancia, en parte debido a que la resonancia se realiza con un hueso hueco cercano a las cuerdas vocales[2] que es veinticinco veces más grande que en monos no aulladores de un tamaño similar. Pero los aullidos parecen ser la única actividad que entusiasma a estos monos, que no son animales muy activos. Según Alexander Humboldt, el famoso explorador, «sus ojos, su voz y sus andares transmiten melancolía».[3] Aunque comen frutos, casi siempre he visto al mono aullador de manto de Panamá alimentándose de hojas, y siempre me he preguntado si su melancolía, o al menos su aletargamiento, no será un síntoma de la ingesta de la gran cantidad de compuestos químicos que contienen las hojas para defenderse de los herbívoros. Aunque su aullido impresiona, su aspecto no es nada imponente. El mono aullador de manto es de color negro, sin ningún matiz distintivo. Y, sin embargo, es el único mamífero del Nuevo Mundo, aparte de los humanos, en el que ambos sexos ven en color.

El proceso de la visión comienza en los ojos o, para ser precisos, en los fotorreceptores de la retina. Hay dos clases de fotorreceptores: los bastones y los conos. Los bastones permiten ver con poca luz, mientras que los conos muestran el color y la belleza que lo acompaña (sin los conos *Los lirios* de Van Gogh se desvanecerían en varias tonalidades de grises). Compartimos el don de la visión en color no solo con los monos aulladores, sino también con la mayoría de los primates del Viejo Mundo, entre ellos todos nuestros parientes más próximos, los grandes simios. Vemos colores porque no todos los conos son iguales; cada cono tiene más probabilidad de activarse con luz de una longitud de onda determinada, la cual percibimos como colores diferentes. Pero para captar el color no solo hacen falta conos, también es necesario que sean al menos de tres tipos distintos. Los conos de los que estamos dotados se denominan *conos de tipo L* (para longitudes de onda largas), *de tipo M* (para longitudes de onda medias) y *de tipo S* (para longitudes de onda cortas, o s*hort*, en inglés). Estos conos son más sensibles respectivamente a los colores (y longitudes de onda) azules (419 nanómetros), verdes (531 nm) y rojos (558 nm). Casi todos los demás mamíferos son bicromáticos y, por tanto, no tienen una verdadera visión en color; como carecen de conos sensibles a longitudes de onda largas no aprecian diferencias entre el rojo y el verde. Nosotros somos tricromáticos, lo que significa que tenemos acceso al maravilloso mundo multicolor al que permanece ciega la mayoría de los mamíferos.

Se cree que la visión en color es inusual en los mamíferos porque nuestros ancestros remotos eran animales nocturnos, tal como ocurre con muchos de los mamíferos actuales. Por tanto, se cree que tenía pocas ventajas la visión en color, incluida la capacidad de discriminar el rojo y el verde asociada a los tres tipos de conos. Para el mono aullador y otros primates tricromáticos, la visión en color, en general, y la discriminación entre rojo y verde, en particular, son instrumentos sensoriales importantes. Cuando el mono aullador avanza con lentitud entre las copas de los árboles en busca de frutos, está rodeado de verde. Se ha sugerido que los monos aulladores y otros primates desarrollaron la visión en color para localizar mejor los frutos, que a menudo tienen tonalidades rojas, en medio del entorno verde.[4] Además, para los pocos monos que se alimentan de hojas también es crucial apreciar que no todas las hojas son iguales. Los retoños, que muchas veces brotan de color rojo, tienen más valor nutritivo que las hojas viejas. La capacidad para diferenciar las hojas nuevas de las viejas mejora con la visión en color. Así que cuando te detienes ante la luz roja de un semáforo o pasas cuando está verde, se lo debes a aquellos ancestros primates que se alimentaban de hojas. Y cuando nos fascinan las tonalidades del quetzal o las salpicaduras de color que enmarañan los cuadros de Jackson Pollock, debemos ese disfrute en parte a la evolución fotopigmentaria que experimentó en el pasado un ancestro primate para realizar tareas que no tienen nada que ver con la estética.

Recientemente se ha sugerido otra posible ventaja de la visión en color como el factor desencadenante de la tricromacia en primates. Se trata de una idea bastante novedosa, pero hasta Darwin dedicó una buena cantidad de tiempo a estudiarla. En un libro dedicado únicamente al comportamiento animal que tituló

*Emotions in Man and Animals**, Darwin habló del comportamiento más peculiar de todos los que manifiesta el ser humano.[5] ¿Adivinas qué comportamiento le pareció tan extraordinario? ¿Sería el lenguaje, el uso de herramientas, la glotonería o beber leche de otros animales? No, era el sonrojo. Todos nos ruborizamos por mucho que digan lo contrario, tal como reconocía Lou Reed en la canción «Sweet Jane» que escribió y cantó con el grupo Velvet Underground.[6] Los señores Reed y Darwin coinciden en este caso, los niños no son los únicos que se ruborizan, por mucho que digan las madres malvadas.

Darwin recurrió a su extensa red social y científica para reunir datos sobre el sonrojo. Sus contactos le comunicaron que, aunque los niños se ruborizan más que los adultos, y las mujeres más que los hombres, el sonrojo es característico de todas las edades (después de la infancia), de ambos géneros, de todas las culturas y de todas las zonas geográficas, y se concentra en la parte de la nuca y el rostro, aunque hay excepciones a esto último. Algunos contactos médicos de Darwin informaron de que en algunas mujeres el sonrojo se extiende hasta zonas próximas al pecho. Darwin reparó en que el sonrojo está relacionado con ciertos estados emocionales, como la vergüenza y el bochorno, y, sobre todo, en que no tenemos ningún control sobre él. El sonrojo parece ser una señal muy importante, y cabría pensar que tenemos adaptaciones visuales para detectarla, igual que los aulladores están adaptados para encontrar frutos.

En su obra titulada *Visual Revolution*, el experto en teoría neurocientífica Mark Changizi defiende que la visión en color del ser humano permite la percepción sutil del estado emocional de una persona, y en este caso usa el término *percepción* en un sentido tanto literal como metafórico.[7] Él utilizó un modelo analítico para comparar la sensibilidad de los conos receptores con los cambios de color que experimenta la piel con el sonrojo. Encontró una

* *La expresión de las emociones*, de Charles Darwin; Pamplona: Laetoli, 2009; trad. de Xavier Bellés. *(N. de la T.)*

gran correspondencia entre ambos. La sensibilidad de los fotorreceptores humanos, concluye, debería permitirnos detectar muy bien el sonrojo. De hecho, Changizi sostiene también que la visión en color de los primates evolucionó para captar ligeros cambios de color en la piel debidos a alteraciones en la circulación sanguínea que indican reacciones emocionales ante situaciones sociales, así como otros procesos fisiológicos, como el esfuerzo físico. Cuando coincidí con él durante un congreso sobre «Explotación sensorial y atractores culturales» en Bélgica, me explicó, además, que su empresa, 2AI Labs, estaba desarrollando instrumentos para la medición dinámica de cambios en el color de la piel que quedan por debajo del rango de sensibilidad de nuestros detectores naturales del rubor. Todos leemos muy bien las emociones en el rostro de los demás, pero apreciar cambios sutiles en el color de la piel permitiría acceder a emociones que normalmente permanecen ocultas a la vista.

El color solo es uno de los aspectos de nuestra capacidad visual, que incluye nuestra esfera visual sexual. El otro es el reconocimiento de patrones. Sabemos que el sistema visual de otros animales es más sensible y reacciona de maneras distintas con ciertas figuras. En un experimento clásico realizado por el neuroetólogo Jörg-Peter Ewert, los sapos embestían contra una simple línea horizontal, que parecía un gusano pasando ante ellos, pero encogían la cabeza de miedo cuando se colocaba la misma línea en posición vertical, lo que la asemejaba a una serpiente dispuesta a atacar.[8] Estudios complementarios esclarecieron que el cableado del sistema visual suscitaba estos comportamientos diferentes. David Hubel y Torsten Wiesel elevaron el nivel del estudio del reconocimiento visual de patrones, por lo que fueron galardonados con el premio Nobel en 1981. Sus estudios del sistema visual de los gatos comenzó con la demostración de que células individuales del cerebro responden ante contornos con una orientación determinada.[9] Una ventaja específica del sistema de reconocimiento de patrones de los gatos es que los hace muy sensibles a los bordes, lo cual los ayuda a evitar caídas desde grandes alturas. Estos y muchos otros estudios de la capacidad visual demuestran que, igual que la retina no tiene la misma sensibilidad para todas las longitudes de onda, el sistema visual no es igual de sensible con todos los patrones.

Partiremos del supuesto de que todos los animales, nosotros incluidos, acaban siendo sensibles a patrones de la naturaleza con trascendencia biológica, esos que ejercen alguna influencia en nuestra eficacia biológica. Ahora mismo tú estás mirando uno de los patrones más importantes que debemos reconocer los humanos: las formas de las letras que usamos en el lenguaje escrito. Pero la escritura apareció bastante tarde dentro de la historia humana, después de que el cerebro desarrollara su sensibilidad ante las formas visuales que nos rodean. ¿Significa esto que la sensibilidad del cerebro ante patrones visuales no puede estar sesgada hacia la forma de las letras? No necesariamente. Changizi y sus colaboradores esgrimieron que la forma de las letras tuvo que idearse a partir de patrones muy comunes en el panorama visual, puesto que esos son los patrones hacia los que el cerebro debería mostrarse más sensible. Cuando estos investigadores analizaron el alfabeto de numerosas lenguas, descubrieron que no se han usado todas las formas posibles para las letras, y que algunas figuras se usan más que otras. Las más utilizadas, como la T mayúscula o minúscula, abundan en el entorno natural que nos rodea. De hecho, la media de trazos por letra en los noventa y tres sistemas de escritura analizados asciende a tres, lo que se acerca mucho al promedio en el panorama visual natural. Lo mismo daba que el sistema tuviera diez letras (como, por ejemplo, el del pueblo mangyan, el gurhmiki o el árabe) o más de 150 letras (como las lenguas na-dené o el sistema fonético internacional). En caso de necesidad, los idiomas añaden otros tipos de trazos para formar letras nuevas, en lugar de añadir más trazos a cada letra. Pero lo más sorprendente es que cuando los estudiosos compararon en una gráfica la aparición de diecinueve estructuras en los signos visuales humanos con la frecuencia de patrones similares en la naturaleza, la correspondencia fue casi perfecta. Por ejemplo, la forma de las letras T y L son muy comunes tanto en los alfabetos como en la naturaleza, mientras que el asterisco (*) aparece menos tanto en los signos como en el entorno. Según Changizi, el sistema visual humano y las letras que vemos con él están ajustados entre sí, pero fue la cultura la que hizo que las letras concordaran con el cerebro visual, el cual ya estaba afinado para percibir el entorno natural en el que se movía. Aunque usamos las letras para componer cartas de amor, este invento fascinante no guarda una relación directa con la estética sexual, pero es un ejemplo perfecto de ese fenómeno general en el que las señales evolucionan para explotar sesgos preexistentes en el cerebro.

* * *

Este libro está dedicado a comprender la estética sexual de los animales, incluidos los humanos. En una especie de universo paralelo, los académicos se han estado planteando una pregunta parecida: ¿qué es lo que determina nuestra apreciación del arte, sobre todo en el ámbito de la pintura? El santo grial de cada disciplina sería una predicción o, mejor aún, una ecuación simple para saber qué debe considerarse bello. Tal como señala David Rothenberg en su libro sobre evolución y arte titulado *Survival of the Beautiful,* esa ecuación para reconocer el arte fue propuesta ya en el año 1933 por George Birkhoff: $M = O/C$, donde M es la medida de la valoración estética, O es el orden, y C es la complejidad.[10] No sorprende que esta ecuación no provocara un cambio de paradigma dentro de las bellas artes o que no tuviera ninguna repercusión en la manera en que los artistas aplicaban el pincel sobre el lienzo ni revelara las preferencias estéticas de los críticos de arte. Y seguro que ninguna ecuación simple funcionaría tampoco con animales.

La razón por la que es difícil predecir los detalles de la belleza sexual en animales estriba en que las diferencias cerebrales entre especies, y hasta entre individuos de la misma especie, pueden dar lugar a numerosas variaciones particulares en cuanto a estética sexual, lo que a su vez produce la diversidad de la belleza sexual. No obstante, hay algunos temas generales que se repiten en todas las especies y modalidades sensoriales. El más habitual es la preferencia por rasgos de mayor magnitud y complejidad. También existen patrones de belleza apreciables dentro de grupos de animales basados en la misma modalidad sensorial. Por ejemplo, la sensibilidad de los fotorreceptores en los ojos de los peces suele predecir una preferencia en los colores de cortejo a la hora de elegir pareja, y el ajuste del oído interno de las ranas pronostica el tono del canto más atractivo para las hembras. Pero, al igual que con la estética humana, no existe una ecuación simple para explicar la diversidad de la estética sexual ni de la belleza sexual derivada de ella en los animales. La alternativa consiste en desentrañar cómo percibe el cerebro del receptor los rasgos sexuales, no solo los que ya están, sino también los que podría haber; es decir, debemos ser capaces de determinar preferencias que permanecen ocultas.

Cuando examinamos la variedad de la belleza sexual en la naturaleza, lo que vemos son aquellos rasgos que han superado el examen, los que son lo bastante atractivos como para conservarse en el genoma de generación en generación. Lo que no vemos es el cementerio de intentos para alcanzar la belleza, rasgos que mutaron y convirtieron a sus portadores en seres feos en lugar de atractivos. Los estudios que he comentado hasta ahora, y otros que citaré en lo que queda de libro, revelan que hay preferencias ocultas por rasgos sexuales que aún no existen en las especies. La evolución de la belleza sexual es un experimento que continúa en marcha en todas las especies; en los rasgos de cortejo siempre surgen variaciones que deberán valorar los receptores y que pronto quedarán relegadas en su mayoría al cubo de la basura de la historia. Pero las nuevas tentativas de belleza que superan el examen, que activan una de esas preferencias ocultas, se convierten en un éxito evolutivo. En el próximo apartado veremos cómo ha ocurrido esto con los coloridos rasgos de los peces.

* * *

Si te digo que el bosque más fértil del mundo se encuentra en California, tal vez des por supuesto que me refiero al Parque Nacional de Redwood. Pero te equivocas. El bosque del que hablo está bajo el agua. Los bosques de quelpo de las costas de California son tan imponentes como los cercanos bosques de secuoyas rojas y tienen una productividad ecológica incluso superior. Visité este bosque hace unos años con un grupo de ictiólogos. Molly Cummings era estudiante de posgrado por entonces, y en la actualidad es experta en evolución de la visión animal. Molly nos invitó a Gil Rosenthal, Ingo Schlupp y a mí a visitar su lugar de estudio frente a las costas de Monterrey, en California. El bosque de quelpo en el que trabajaba Cummings está formado por numerosas algas alargadas y frondosas, y aquel día toda la vegetación se mecía con tanta fuerza a un lado y otro con la marea, que pocos nos libramos de echar el desayuno. Pero el impresionante paisaje de luz de aquel bosque nos fascinó.

La luz puede degradarse si hay pequeñas partículas en el entorno capaces de causar efectos intensos en la iluminación ambiente. Esto es lo que sucede cuando gotitas minúsculas de agua refractan la luz de distintas longitudes de onda y forman un arcoíris, y por eso son tan frecuentes los arcoíris en las nubladas tierras de Irlanda. La refracción de la luz en los bosques de quelpo crea un caleidoscopio de variación en la luz ambiente; en una mancha despejada de vegetación próxima a la superficie nos vimos rodeados de intensos azules, mientras que un poco más abajo el agua tenía una tonalidad claramente rojiza. Cuando descendimos más, nos sumimos en un mundo de luz verdosa. Allí encontramos mucha compañía, incluidos los animales que nos interesaban: las mojarras. Estos peces son moradores de los bosques de quelpo, y distintas especies de mojarras habitan en distintos entornos de luz dentro del bosque. Aunque todos estos peces se alimentan de presas similares, deben encontrar su comida en distintos entornos de luz. Hay dos maneras principales de localizar objetos contra el fondo circundante: una consiste en comparar los colores del objetivo con el fondo, y la otra consiste en comparar el brillo del objetivo con el fondo. Cuanto más contrasta el objetivo con el fondo, más fácil es localizarlo. Estas estrategias de localización se describen en ecología visual con una jerga enrevesada, pero aquí me referiré a ellas limitándome a hablar de captación de color y de brillo. Distintos entornos de luz favorecerán estrategias diferentes para la detección de presas, y Cummings evidenció que algunas especies cuentan con fotorreceptores ajustados para aprovechar al máximo el contraste de color entre el objetivo y el fondo, mientras que los fotorreceptores de otras especies están afinados para aprovechar al máximo el contraste de brillo entre ambos.[11]

¿Y qué tiene que ver esto con el sexo? Aquí entran los machos. El primer paso para conseguir pareja es que te vea. Los machos han desarrollado colores de cortejo para comunicarse con las hembras, pero, al igual que el árbol que se desploma en el bosque sin que nadie lo oiga caer, la exhibición visual del macho no sirve de nada si nadie la percibe: el contraste es algo muy cotizado. ¿Cómo haría un macho para aprovechar al máximo su señal frente al ruido visual: realzando el contraste de color o el contraste de brillo? Pues depende de la estrategia de detección que utilicen las hembras para encontrar presas. En aquellas especies que usan el contraste de color para localizar presas, los machos desarrollan rasgos de cortejo que realzan al máximo su contraste de color, pero no el de brillo, ante las hembras. Y, al contrario, en aquellas especies que usan el contraste de brillo para alimentarse, los machos desarrollan rasgos de cortejo que realzan al máximo su contraste de brillo ante las hembras, en detrimento de su contraste de color. Este es un ejemplo notable de que los procesos de selección para el sistema visual de detección de alimento influyen en la estética del cerebro sexual, el cual, a su vez, gobierna la evolución de la belleza sexual.

Como ya se dijo, el color solo es un atributo de los objetos visuales; el patrón es el otro. Algunos patrones de la naturaleza son estáticos, como las rayas de algunas especies de mojarras y las formas de las letras que comentamos antes. Pero otros son dinámicos. Veamos cómo puede influir la naturaleza dinámica de la visión en los patrones dinámicos de cortejo que se consideran bellos. En este caso, la hembra es quien corteja y el macho quien elige.

Una función de la vista consiste en saber a dónde vas, y esto es más fácil de conseguir si se cuenta con una percepción uniforme del mundo circundante, en lugar de una intermitente. Un parámetro crítico del sistema visual para captar el movimiento es el ritmo de fusión del parpadeo, que es el ritmo al que un estímulo de luz se muestra constante. El cine y la televisión presentan una serie de imágenes estáticas en sucesión rápida para crear la impresión de movimiento constante. El umbral de fusión del parpadeo en el ser humano ronda los dieciséis ciclos por segundo (o hercios, Hz). Las películas suelen grabarse a 24 Hz, y la televisión, a 25 o 30 Hz, bastante por encima de nuestro umbral de fusión del parpadeo. Si las imágenes se emiten por debajo del ritmo de fusión del parpadeo, como ocurre con algunas películas y animaciones antiguas, el movimiento se percibe a saltos, en lugar de uniforme.

Volvamos al sexo. Aunque todos los insectos usan los ojos para ver a dónde se dirigen, algunos también los usan para elegir pareja. El macho de la mariposa espejitos es un buen ejemplo de ello, y uno en el que son las hembras quienes cortejan, mientras que los machos eligen. Las hembras permanecen quietas mientras aletean para atraer a los machos. El ritmo del aleteo de una hembra de mariposa espejitos suele ser de unos 10 Hz. A mediados del siglo XX, el biólogo alemán D. E. B. Magnus creó una máquina de aleteo capaz de imitar el aleteo de las hembras a cualquier velocidad.[12] Él demostró que cuanto más deprisa, mejor, puesto que los machos preferían un ritmo de aleteo de 10 Hz frente a uno algo más lento de 8 Hz. Si 10 Hz es más atractivo que 8 Hz, ¿resultará más atractivo aún un aleteo de 12 Hz? ¿Y uno de 20 Hz?

Una cuestión relacionada con esto es por qué las hembras no aletean más rápido aún. Hay dos explicaciones posibles. Una es que la preferencia de los machos no se extienda más allá de 10 Hz; tal vez velocidades más altas les resulten sencillamente igual de atractivas, o incluso menos, que las de 10 Hz. La otra posibilidad es que existan limitaciones mecánicas para la velocidad a la que pueden aletear las hembras. Para ahondar en esta cuestión Magnus accionó el artefacto a toda velocidad y lo echó a volar. Comprobó que los machos siempre preferían los aleteos más rápidos, incluso cuando tenían un ritmo muy superior al habitual; es decir, más veloz que el ritmo de aleteo que se da en la naturaleza. Al menos sucedía así hasta cierto límite, y ese límite era muy veloz: 140 Hz. Los humanos y las mariposas perciben cada aleteo individual a 10 Hz porque ese umbral está por debajo del ritmo de fusión del parpadeo en ambas especies. Si Magnus sometiera a las personas a pruebas con aleteos supranormales y les pidiera que seleccionaran el aleteo más veloz, nuestro límite se situaría en unos 16 Hz; 18 Hz y 25 Hz nos parecerían velocidades similares. Como ambas quedan por encima de nuestro ritmo de fusión del parpadeo, percibiríamos el aleteo como un movimiento continuo. Los insectos suelen tener ritmos de fusión del parpadeo más elevados que nosotros porque se desplazan por el entorno a velocidades mucho más grandes, y necesitan captar los detalles del flujo óptico del entorno que atraviesan zumbando. ¿Sospechas cuál es el ritmo de fusión del parpadeo del macho de la mariposa espejitos? ¡En efecto, 140 Hz!

El análisis de Magnus de la estética sexual del aleteo revela que el macho de estas mariposas siente una atracción bastante indefinida por el ritmo de aleteo: cuando más veloz sea la exhibición de cortejo, mejor, siempre y cuando el macho receptor pueda apreciarlo. El límite de velocidad de 140 Hz para la preferencia del aleteo no viene determinado por la selección sexual, sino que es resultado de la selección natural que favorece un sistema de detección visual que permite viajar con rapidez por el entorno. Como el ritmo de fusión del parpadeo es tan elevado, resulta que existen ciertas preferencias sexuales en los electores a pesar de que son inalcanzables para los emisores. Pero si se produjera una gran mutación que rediseñara la aeronáutica del vuelo de las mariposas para permitirles aletear más rápido, entonces la ventaja de las hembras que aletearan más deprisa sería inmediata. No habría ninguna necesidad de que los electores desarrollaran una nueva preferencia por una velocidad más rápida de aleteo; la preferencia ya estaría ahí.

Podemos pensar en una analogía humana con los coches y las limitaciones de velocidad, donde el proceso está invertido. La mayoría de los coches actuales alcanza velocidades superiores a casi todas las limitaciones de velocidad, cuando no todas, que hay en las carreteras por las que circulamos. La ingeniería actual permitiría diseñar coches normales que alcanzaran velocidades aún mayores, tal como demuestran los coches de carreras. Pero los límites de velocidad existentes restan utilidad a la velocidad elevada en trayectos cotidianos. No sería de esperar un gran avance en cuanto a velocidad hasta que se produjera un gran cambio en las limitaciones. En el ejemplo de las mariposas, sin embargo, la restricción está invertida. El límite de velocidad del aleteo asciende a 140 Hz, un orden de magnitud por encima de la velocidad alcanzable por la mariposa. Es como si los límites de velocidad de nuestras autopistas superaran con creces la velocidad que puede alcanzar un coche, lo que se supone que estimularía innovaciones tecnológicas en la industria del automóvil. Por tanto, vemos que el sistema visual de las mariposas está preparado para que innovaciones tecnológicas incrementaran la velocidad del aleteo. El hecho de que no haya ocurrido induce a pensar que existen otras limitaciones, probablemente alguna biomecánica muy básica, que impiden esas innovaciones.

* * *

Hasta aquí hemos conocido que algunos procesos visuales básicos, como la percepción del color, del brillo, de patrones y del movimiento, condicionan la evolución de la belleza. Ahora nos centraremos en algunos sesgos superiores en el procesamiento de la información que son igual de relevantes para la estética sexual visual tanto en animales como en personas. En el capítulo tres analizamos dos procesos cognitivos que pueden influir en la estética sexual: la ley de Weber y el efecto de desplazamiento del máximo. La ley de Weber establece que las decisiones relacionadas con cantidades se basan en comparaciones de diferencias proporcionales, no absolutas. Así que a medida que aumentan las dimensiones de los rasgos, como la cola del pavo real, la diferencia entre ellos debe ser cada vez mayor para que resulte apreciable. De modo que la ley de Weber podría poner un «freno cognitivo» al desarrollo de una belleza grotesca: cuanto más grande es el rasgo, menor es la probabilidad de que un aumento ligero de tamaño se vea favorecido por las hembras.

El otro impulsor cognitivo de la belleza comentado en el capítulo tres es el efecto de desplazamiento del máximo. Entonces vimos que los polluelos de diamante mandarín usan el color del pico de sus progenitores para identificar el sexo de sus congéneres, rojo para los machos y naranja para las hembras, y que el efecto de desplazamiento del máximo establece preferencias por aquellos rasgos que más difieren de su mismo sexo: los machos prefieren un color de pico lo más distinto posible del color del pico del padre y, por tanto, con más probabilidad de pertenecer a una hembra. El efecto de desplazamiento del máximo puede dar lugar a preferencias indefinidas y favorecer rasgos supranormales, como el que acabamos de ver en la mariposa espejitos. Igual que los machos de esta mariposa favorecen un ritmo de aleteo inalcanzable para las hembras, es posible que los machos de diamante mandarín prefieran picos con tonalidades de naranja que las hembras nunca conseguirán desarrollar. Aunque el efecto de desplazamiento del máximo se produzca por aprendizaje y pueda dar lugar a la preferencia por estímulos supranormales, esto no implica que todas las preferencias supranormales surjan del desplazamiento del máximo. La preferencia indefinida de las mariposas, por ejemplo, no implica un aprendizaje, sino que tiene que ver más bien con el ritmo de estimulación de las neuronas visuales. Pero, con independencia de qué las produzca, las preferencias por estímulos supranormales son grandes impulsoras de la evolución de rasgos sexuales más grandes, más brillantes y más rápidos. Veamos a continuación un ejemplo fascinante.

Una vez visité Kenia con mi compañero Merlin Tuttle para estudiar el murciélago de nariz de corazón, *Cardioderma cor.* Al igual que el murciélago de labios con flecos, este otro murciélago come ranas, pero descubrimos que, a diferencia del anterior, la evolución no ha remodelado su sistema auditivo para captar el canto de las ranas. Durante aquel viaje tuvimos dos encuentros cercanos con la muerte (bandidos y elefantes) que Merlin narra en su obra *The Secret Lives of Bats: My Adventures with the World's Most Misunderstood Mammals.*[13] Tuve un tropiezo más gratificante en las montañas, donde vi un animal que debía de tener encuentros cercanos con la fatalidad todos los días de su vida. Un ave atravesó volando mi campo de visión muy poco por encima de los altos pastos. Hasta que conseguí enfocar, fue una imagen confusa. Era un ave pequeña y casi toda de color negro. Tendría una envergadura de tan solo unos doce centímetros e iba seguida de cerca por algo mucho más grande, tal vez de medio metro de longitud, pegado a ella por la parte de atrás. Cuando al fin enfoqué la vista, vi que el objeto que la seguía era la cola del animal, una cola varias veces más larga que el resto del cuerpo. Era un obispo colilargo.

No tardé mucho en entender el por qué de su nombre, y me quedé convencido de que la larga cola que lleva adosada esta pequeña ave entorpece tanto su vuelo que tiene los días contados, aunque solo los machos tienen colas así de largas.

La cola del obispo colilargo es realmente singular y ha evolucionado como respuesta a una estética sexual que simplemente quiso más, más y más. Esto es lo que había demostrado con anterioridad Malte Andersson, autor del clásico volumen de 1994 titulado *Sexual Selection*,[14] en uno de los experimentos definitivos sobre selección sexual.[15] Él midió el éxito reproductivo de los machos de obispo colilargo contando el número de nidos en sus territorios de la meseta Kinongop, unos cien kilómetros al norte de Nairobi, donde es una de las aves más comunes. Después intentó averiguar si la longitud de la cola de los machos influiría en su éxito reproductivo. Para resolverlo, realizó un experimento de «corta y pega». A un grupo de machos les cortó la cola para reducirla, después usó esos restos de colas cortadas para unirlos a la cola de otro conjunto de machos y dotarlos de colas extralargas, o supranormales. Un tercer grupo de machos sirvió como grupo de control: cortó un trozo de cola a cada uno de ellos y volvió a pegar cada fragmento a sus respectivos dueños. Al mes siguiente volvió a medir el éxito reproductivo de cada macho y comparó estos resultados con el éxito que tenían esos mismos machos antes del experimento. Los machos con colas supranormales incrementaron su éxito reproductivo; los machos del grupo de control no experimentaron cambio alguno, y los machos con la cola reducida tuvieron menos éxito. Andersson puso de manifiesto que existe una preferencia indefinida por las colas supranormales que gobierna la evolución de la longitud de la cola y, aunque no está demostrado, es muy posible que la mortalidad frene el desarrollo de la longitud de la cola, porque los individuos de colas más largas mueren más.

No todas las preferencias son indefinidas, por supuesto. Algunas se centran en patrones específicos.

* * *

Al igual que muchas otras disciplinas, la ciencia celebra sus propios encuentros, que pueden ser reducidos o inmensos; por ejemplo, el Congreso de Invierno sobre Conducta Animal al que voy yo está limitado a treinta participantes, mientras que a las reuniones de la Sociedad de Neurociencia suelen acudir treinta mil. Con independencia de sus dimensiones, estos congresos son un buen lugar para conocer las investigaciones punteras antes de que salten a la prensa. Yo estaba en la recepción de uno de estos encuentros en Kioto, Japón, en 1991 cuando dos conocidos expertos en ecología del comportamiento, Randy Thornhill y Anders Møller, me dieron la primicia de su teoría revolucionaria sobre la evolución de la belleza: la asimetría fluctuante. Su planteamiento era el siguiente. Nosotros y la mayoría del resto de animales tenemos simetría bilateral. Si trazamos una línea en vertical que pase por el centro de tu cuerpo, el lado izquierdo y el derecho serán casi iguales, del mismo modo que la longitud de brazos, piernas y dedos. Por supuesto, hay excepciones. Los machos de cangrejo violinista tienen una sola pinza muy grande y la otra más pequeña; en los machos de cada especie es la misma pinza, la derecha o la izquierda, la que está más desarrollada. (Es más difícil pensar en animales con toda la estructura corporal asimétrica, pero ahí va una pista para encontrar uno de ellos: un utensilio que usas en la bañera o la ducha se llama igual.) Pero la mayor parte de todas las demás excepciones a la simetría consiste en pequeñas desviaciones denominadas *asimetrías fluctuantes* (AF), las cuales tienen la misma probabilidad de darse en el lado derecho del cuerpo que en el izquierdo. Cuando los animales sufren estrés durante su desarrollo, presentan mayores asimetrías fluctuantes. La idea de Thornhill y Møller era que los animales con mejores genes para la supervivencia deberían estar blindados contra los factores estresantes del desarrollo, es decir, deberían tener menos asimetrías fluctuantes que los individuos peor dotados cuyo desarrollo esté sometido a los mismos factores de estrés y, según predecían ellos, las hembras deberían preferir machos más simétricos y los genes de calidad que portan.[16]

La idea de la selección sexual y de las asimetrías fluctuantes desencadenó una profusión de estudios para esclarecer si la simetría es un ingrediente clave del atractivo sexual y, en caso afirmativo, por qué. La respuesta al primer interrogante fue afirmativa; parece ser un criterio de la estética sexual en varias especies, sobre todo en aves y humanos. Por ejemplo, Møller dirigió un estudio de «corta y pega» parecido al realizado con los machos de obispo colilargo, solo que en este caso manipuló la simetría de las plumas de la cola de golondrinas.[17] Tal como había pronosticado, las hembras prefirieron los machos más simétricos. Thornhill y sus colaboradores evidenciaron que las preferencias por la simetría también influyen en la percepción humana de la belleza sexual. Legiones de investigadores han revelado que suelen atraernos más los rostros más simétricos, y Thornhill puso de manifiesto incluso que las mujeres con parejas más simétricas tenían más orgasmos durante el coito que las mujeres con parejas un tanto contrahechas. Por supuesto, también hay variación en los ojos de quien mira; otros estudios han revelado que en ocasiones los humanos consideramos las caras simétricas menos atractivas que las asimétricas. También hay excepciones en otros animales; mis propios estudios de la rana grillo revelaron que la simetría influye poco en el atractivo.[18] Si la preferencia por la simetría en las parejas fuera casi universal en todos los taxones (y este es un «si» gigante), ¿sería la calidad de los genes la única explicación de esa preferencia? Es decir, ¿evolucionó la preferencia por la simetría en los pretendientes debido a las ventajas genéticas que obtienen los electores para su progenie? ¿O tendrá otra base esta preferencia?

En el capítulo dos expliqué que la preferencia por la cantidad de chasquidos en las hembras de rana túngara seguía la ley de Weber. Había dos hipótesis capaces de explicar por qué las hembras tienen este patrón particular de preferencia. La primera afirmaba que esta preferencia apareció en la rana túngara porque el número relativo de chasquidos es un buen indicador de la calidad relativa del macho. La segunda hipótesis era que esta preferencia procede de un sesgo perceptual o cognitivo: porque el cerebro funciona así sin más; no hay ninguna necesidad de apelar a la selección sexual para explicar esta preferencia. El hecho de que los murciélagos raneros también siguieran la ley de Weber en su preferencia por la cantidad de chasquidos respaldaba la hipótesis del sesgo cognitivo. Un debate similar surgió en relación con las preferencias de simetría: ¿surgieron por selección favorecidas por las ventajas de conseguir machos superiores, o fueron el resultado de un sesgo perceptual o cognitivo más general?

Un argumento a favor de que es un sesgo cognitivo lo que subyace a la preferencia por la simetría es que se da en diversos animales en ámbitos que no tienen nada que ver con el sexo. Nosotros preferimos la simetría en ciertos tipos de arte, en arquitectura, en diseño de interiores, flores y mascotas, así como en las caras. Las abejas destacan aprendiendo patrones simétricos frente a los asimétricos, y prefieren polinizar las flores de pétalos más simétricos.[19] La correlación entre las preferencias de pollos y humanos por las mismas caras humanas que variaban en cuanto a simetría ¡fue de un 98%! Pero, si existe un sesgo cognitivo, ¿de dónde viene?

La idea de que se trata de un sesgo cognitivo se abordó por primera vez estudiando la simetría no en aves o humanos, sino en cerebros electrónicos. Estos «cerebros» son redes neuronales artificiales. Las redes consisten en unidades computacionales que actúan como neuronas y que están conectadas a redes que imitan un sistema nervioso. Y, al igual que con los sistemas nerviosos, se pueden introducir estímulos en el sistema por un extremo y obtener respuestas «neuronales» por el otro extremo. Estos modelos encuentran un gran rango de aplicaciones, como en el campo del reconocimiento de patrones, en predicciones bursátiles y en el control del tráfico. Mi compañero Steve Phelps y yo los hemos usado para obtener modelos de la evolución del cerebro.[20] Las redes neuronales artificiales fueron determinantes para alertar a los estudiosos de las asimetrías fluctuantes ante la posibilidad de que las preferencias por la simetría surgieran de sesgos cognitivos.

Los biólogos Anthony Arak y Magnus Enquist entrenaron redes neuronales artificiales para que reconocieran objetos asimétricos; para ello fueron retocando la dinámica de las neuronas individuales dentro de la red hasta lograr una reacción máxima como respuesta a los objetos de entrenamiento.[21] Una vez entrenadas las redes neuronales artificiales, las enfrentaban a objetos nuevos tanto simétricos como asimétricos. Lo cierto es que las redes manifestaron una respuesta mayor ante objetos simétricos, aunque fueron entrenadas para preferir los objetos asimétricos. Esto significa que, al menos en el mundo de las redes neuronales artificiales, puede aparecer una preferencia por un rasgo simétrico nuevo como resultado del aprendizaje para preferir otros tipos de rasgos asimétricos, lo que respalda la idea de que la preferencia por la simetría puede aparecer como resultado de un sesgo cognitivo.

John Swaddle, coautor de la obra *Asymmetry, Developmental Stability and Evolution* junto con Møller,[22] visitó mi departamento en Austin para impartir una conferencia sobre un campo de investigación muy diferente: cómo afecta a las aves la contaminación acústica. Pero sigue muy interesado por el mundo de la simetría. Durante la comida, Swaddle explicó con argumentos convincentes que la preferencia por la simetría es un subproducto de la forma en que percibimos las figuras, y su trabajo con estorninos arrojaba los mismos resultados que los estudios de las redes neuronales artificiales, a saber, que la preferencia por la simetría puede aparecer como un ramal de fenómenos de aprendizaje generales. Pero, ¿por qué es esto así?

Un ejemplo de esta clase de sesgos lo encontramos en una teoría sobre creación de prototipos. La idea es que el promedio de un montón de patrones con asimetrías aleatorias es un patrón simétrico. La mayoría de nosotros tiene una pierna ligeramente más larga que la otra, pero como hay la misma probabilidad de que la pierna más larga sea la derecha o la izquierda, la diferencia promedio en cuanto a longitud de piernas se acerca mucho a cero, y cuando pensamos en una persona que no conocemos, la imaginamos con las dos piernas iguales. Por tanto, la imagen mental o el «prototipo» que emerge del entrenamiento con objetos asimétricos es el promedio de esos objetos, el cual resultará simétrico. Esto puede explicar los resultados de las investigaciones con redes neuronales artificiales, con estorninos y con pollos. Parece que las preferencias por la simetría en rasgos sexuales tal vez no tengan nada que ver con la calidad de los genes del pretendiente, sino más bien con el funcionamiento del cerebro del elector.

Es posible que las preferencias por la simetría ofrezcan beneficios genéticos a los electores aun cuando esa no sea la razón por la que evolucionó esta preferencia. Tal como plantearon Thornhill y Møller, los individuos simétricos podrían ser genéticamente superiores en cuanto a salud y vigor general. De modo que las preferencias por la simetría podrían, en teoría, conllevar beneficios genéticos para los electores, porque les procuraría una descendencia más sana. Sin embargo, con independencia de si las preferencias por la simetría son beneficiosas o no para el elector a la hora de elegir pareja, estas preferencias seguirían condicionando el desarrollo de rasgos de cortejo simétricos, porque eso forma parte de la estética sexual del elector, aunque sea de manera indirecta. Una vez más comprobamos que parte de la estética del cerebro sexual podría no tener nada que ver en su origen con el sexo.

* * *

A menudo pensamos que la gente nace con el aspecto que tiene. A la gente guapa le tocó una lotería genética, y poco pueden hacer los no agraciados para mejorar su suerte. Cameron Russell es una modelo de alta costura cuya belleza la ha llevado a las portadas de *Vogue* y *Elle* y le abrió las puertas a las pasarelas de Victoria's Secret y Chanel. Pero Russell ha declarado que la belleza no lo es todo, y se la conoce como la «modelo renegada» por criticar que los medios de comunicación contribuyen a generar los problemas que sufren muchas jóvenes por el culto a la imagen. Durante una charla TED con numerosas visitas en Internet, Russell desconcierta al público mostrando fotografías del antes y el después en las que pasa de ser una cándida adolescente a transformarse en una mujer fatal con gran atractivo sexual. «Y espero que estén viendo que la de estas fotos no soy yo. Son creaciones de un equipo de profesionales, artistas de la peluquería y el maquillaje, fotógrafos y estilistas junto con todos sus ayudantes… y producen esto. Esa no soy yo».[23] Creo que exagera bastante, porque lo cierto es que a Russell, tal como ella reconoce, le tocó una lotería genética. Pero, además, la han retocado artificialmente para que resulte aún más atractiva, sexi e impactante y, en consecuencia, para que sea más rica de lo que cualquiera de nosotros alcanzaría a soñar. Pero a este respecto no es una excepción dentro de la comunidad de animales sexuales, muchos de los cuales pueden mejorar la belleza genética que les ha tocado. Richard Dawkins escribió uno de los libros más importantes del siglo pasado sobre biología, *The Selfish Gene,*[*] donde expone un concepto de la evolución centrada en los genes, un mundo en el que los genes son replicantes inmortales y los individuos son meros vehículos efímeros que los transportan a través de las generaciones.[24] A aquella obra le siguió otra aportación de peso, *The Extended Phenotype,*[25,**] donde la idea principal consiste en que los genes contribuyen a nuestra construcción física, a nuestro fenotipo, pero el fenotipo se extiende más allá del

* Versión en castellano: *El gen egoísta,* de Richard Dawkins; Barcelona: Salvat Editores, 2014, trad. de Juana Robles Suárez y José Manuel Tola Alonso. (*N. de la T.*)

** Versión en castellano: *El fenotipo extendido,* de Richard Dawkins; Madrid: Capitán Swing, 2017, trad. de Pedro Pacheco González. (*N. de la T.*)

cuerpo. Incluye manipulaciones corporales, pero también señales y recursos acumulados.

Ninguna fuerza de la naturaleza impulsa tanto la extensión del fenotipo de los individuos como la tendencia a incrementar la belleza sexual del individuo. Nuestra especie es el mejor ejemplo de ello. Todos tenemos valores añadidos que acrecientan nuestra belleza sexual. El hombre con una buena mata de pelo en la cabeza y un físico bien esculpido resulta más sexi aún cuando conduce un Lamborghini o cuando exhibe todo un ganado de reses. Algunos hombres encuentran más seductora a una mujer atractiva cuando se pone un par de gafas para leer, porque dan por hecho que su atractivo físico se complementa con una inteligencia superior. Mediante la adquisición de accesorios que realzan nuestro atractivo sexual, que en el caso de los humanos suelen valorarse en términos económicos, revelamos qué podemos ofrecer a una pareja potencial. Estos accesorios se convierten en lo que somos nosotros. Los animales no son distintos.

Una manera de realzar la belleza consiste en decorar el entorno. «Ven a ver mi colección de sellos» es un truco tan viejo como las pinturas rupestres. El arte parece ser una señal para los humanos, ya que revela que el individuo en cuestión posee tal abundancia de recursos para lo básico que se puede permitir derrochar en excesos. Cuanto más arte poseo, cuanto más caro es el arte que adquiero, más seguridad tienes de que poseo un montón de riquezas... ¿quieres alguna? El precio del arte, más que el arte en sí, es el significado del mensaje.

Los animales también recurren a los adornos y por la misma razón. Los mayores artistas del mundo animal son los pájaros jardineros o tilonorrincos. Aunque el codescubridor de la teoría de la selección natural, Alfred Wallace, aportó algunas de las primeras descripciones científicas del pájaro jardinero,[26] la persona que llamó la atención de la ciencia moderna sobre las obras de arte de estas aves fue Jared Diamond, biólogo evolutivo y geógrafo ganador del premio Pulitzer y más conocido por el público general por ser el autor de obras tan populares como *Guns, Germs, and Steel*.[27,*] Él cuenta cómo fue su primer encuentro con estas aves en *The Third Chimpanzee*: «Había salido a pasear esa mañana desde una aldea de Nueva Guinea hecha de cabañas circulares, con cuidados macizos de flores y gente que se adornaba con cuentas. De pronto, en medio de la selva, me topé con una choza circular primorosamente trenzada, de dos metros y medio de perímetro y algo más de un metro de altura, con una entrada lo bastante grande como para que pasara un niño.

»El musgo alfombraba el espacio delante de la cabaña, muy limpio salvo por centenares de objetos naturales que sin duda habían sido colocados allí como decoración».[**]

Aquello no era una casa para que jugaran los niños; era la alcoba de un pájaro jardinero macho. Hay veinte especies de tilonorrincos, y los machos de todas ellas construyen alcobas y las decoran espléndidamente con flores, piedras, caparazones y objetos artificiales; algunos hasta utilizan bayas aplastadas para pintar sus nidos de amor. La única función de estas alcobas consiste en crear un entorno atractivo en el que los machos se exhiben ante las hembras. No es un nido para las crías ni sirve para cobijarse de las tormentas. Es un ejemplo muy interesante de pretendientes que extienden su fenotipo en favor del sexo.

Diamond se había topado con la alcoba de un pergolero pardo, una especie de tilonorrinco que decora sus construcciones con frutos, flores y alas de mariposa de colores diversos. Y logró hacerse una idea sobre la estética decorativa de esta especie con varios experimentos simples. En primer lugar, cambió de sitio los elementos decorativos de la alcoba de un macho determinado y comprobó que los machos siempre volvían a colocarlos en su ubicación inicial. Diamond descubrió entonces que si colocaba fichas

* Versión en castellano: *Armas, gérmenes y acero*, de Jared Diamond; Barcelona: Debolsillo, 2007, trad. de Fabián Chueca. (*N. de la T.*)

** Fragmento extraído de la obra *El tercer chimpancé*, de Jared Diamond; Barcelona: Debate, 2006, trad. de María Corniero. (*N. de la T.*)

de póquer cerca de las construcciones, los machos solían llevárselas y usarlas para decorar, pero seleccionaban muy bien los colores que utilizaban. En general, no les gustaban las fichas de color blanco y preferían las azules, aunque diferentes machos manifestaban unas preferencias diferentes por los colores. A veces, cuando Diamond agregaba fichas de póquer a la alcoba de un macho, acudía otro macho vecino y se las robaba para incorporarlas a su propia construcción. La única razón por la que los machos decoran sus alcobas es para atraer a las hembras; las hembras prefieren los machos con más adornos, y hembras de distintas especies suelen preferir colores diferentes. No es de extrañar que Diamond comentara: «Estas aves son capaces de construir cabañas que parecen casas de muñecas; usan flores, hojas y setas de un modo tan artístico que cabría pensar que Matisse está a punto de desplegar su caballete».

Solo los humanos crean estructuras con una decoración más elaborada que las alcobas de tilonorrinco. Estas aves tienen un cerebro grande y, dentro de las distintas especies que existen, el tamaño del cerebro mantiene una correlación con la complejidad de sus construcciones, la cual, tal como señaló el investigador neurocientífico Laney Day, «va desde un círculo de tierra despejada decorada con hojas hasta intrincadas estructuras de ramas o hierba decoradas con miríadas de coloridos objetos». Algunos estudiosos han planteado que los adornos de cada macho (su rareza, por ejemplo) revelan su capacidad cerebral a las hembras. Otros, como Joah Madden y Kate Tanner, defienden que los machos eligen detalles decorativos que explotan sesgos sensoriales de las hembras.[29] Los colores de los adornos repercuten en el atractivo de un macho ante las hembras electoras y, por tanto, en su éxito reproductivo. Los estudiosos comprobaron la idea de que esas preferencias de apareamiento coinciden con preferencias alimentarias, de una manera análoga en cierto modo al ejemplo de las mojarras ya comentado en este capítulo. Con las dos especies observadas, cuanta mayor preferencia mostraban las hembras por comer uvas, más probable era que los machos incluyeran uvas entre sus adornos. Tal como me señaló el propio Joah Madden, no todo el mundo está de acuerdo con sus hallazgos: la diversidad de los pájaros jardineros solo es superada por la diversidad de opiniones científicas acerca de por qué hacen lo que hacen. Aún se sigue trabajando para comprender el comportamiento de los tilonorrincos. Un ejemplo excelente de algunos avances recientes es el descubrimiento de que algunos machos de pájaro jardinero utilizan ilusiones perceptuales dignas de Walt Disney.

Como acabamos de comentar, Diamond comprobó que cuando movía elementos decorativos del pergolero pardo, los machos volvían a colocarlos en su lugar original. Nosotros no colgaríamos un cuadro en cualquier sitio de una pared, pero ¿por qué poseen estas aves un criterio tan particular sobre el lugar que deben ocupar sus adornos? Igual que ocurría con los alfabetos y con la simetría, las preferencias por determinados patrones van unidas a la percepción de patrones. Los adornos dispuestos con tanto esmero alrededor de una de estas alcobas difieren en cuanto a tamaño y en cuanto a distancia del lugar donde se exhibirá el macho en el interior de su construcción. El tamaño de la imagen que un adorno proyectará en la retina de la hembra depende de su tamaño real y de la distancia a la hembra. Al igual que la mayoría de nosotros, ella es capaz de calibrar tamaños y distancias. Pero, como veremos en un instante, los machos pueden burlar esa calibración para parecer más bellos a las hembras. Dicho así, suena muy vago, pero lo explico.

Los objetos más alejados de nosotros parecen más pequeños porque se ven bajo un ángulo más pequeño en la retina. La vista «sabe» que pasa esto, y eso nos permite efectuar una buena estimación del tamaño de las cosas con independencia de su distancia. Pero imagina que el cerebro no fuera capaz de compensar este hecho fundamental. Entonces pensarías que la taza de café que tienes sobre la mesa es realmente más grande que un abominable rascacielos situado en el horizonte. No te asustaría ese oso diminuto que parece un simple punto en la lejanía; pensarías que podrías aplastarlo bajo el pie si se acercara demasiado. Pero, por supuesto, si llegara a acercarse tanto, ya sería demasiado tarde porque, en realidad, es mucho más grande que un punto. Sabemos que el tamaño aparente de las cosas varía con la distancia, y no nos dejamos engañar. O, al menos, no nos dejamos engañar siempre.

Los artistas burlan en su beneficio nuestra percepción conjunta de la distancia y el tamaño para distorsionar lo que creemos ver. Los Hobbits y enanos de las películas parecen estar junto a otros personajes más grandes, pero en realidad se encuentran a cierta distancia para parecer más pequeños. El castillo de Cenicienta del parque temático Magic Kingdom de Florida de Disney ofrece un ejemplo interesante a los pájaros jardineros. Si todas las ventanas de un edificio tienen el mismo tamaño real, las ventanas de los pisos superiores se verán más pequeñas, puesto que están más lejos. El cerebro compensa el tamaño de la imagen con el efecto de la distancia para ofrecernos una estimación realista de la altura del edificio. Pero el tío Walt nos ha engañado. Las ventanas de las plantas más altas del castillo son más pequeñas que las de los pisos inferiores, así que parecen estar más lejos de lo que están en realidad, y el cerebro interpreta que el castillo tiene más altura. Esta técnica recibe el nombre de *perspectiva forzada* y fue un truco muy ingenioso por parte de Disney, pero recuerda que los pájaros jardineros también cuentan con cerebros bien desarrollados.

John Endler es uno de los biólogos evolutivos más creativos que hay. A lo largo de su carrera profesional ha realizado estudios detallados de la evolución del color en los peces guppi de Trinidad. Pero en tiempos más recientes descubrió, junto con sus colaboradores, que el pergolero grande recurre al truco de la perspectiva forzada.[30] Al igual que ocurría con el pergolero pardo, el macho de pergolero grande es muy especial en la disposición de sus adornos, como caparazones y huesos. Los machos construyen alcobas precedidas de un largo pasillo por el que entrarán las hembras.

Desde este lugar panorámico ellas ven al macho exhibiéndose en la alcoba. El macho dispone los objetos de tal manera que con la distancia parecen tener un tamaño mayor vistos desde la entrada del pasillo y, por tanto, se muestran más grandes a medida que las hembras se acercan a la alcoba. Esta disposición crea una perspectiva forzada opuesta a la del castillo de Cenicienta, por lo que la alcoba parece más pequeña de lo que es en realidad. Nosotros no podemos ver el interior del pasillo a través de los ojos y el cerebro del pergolero, pero Endler y sus colaboradores sospechan que esta organización particular de los adornos ofrece a las hembras una imagen exagerada del tamaño del macho mientras se exhibe en lo que ella percibe falsamente como una alcoba pequeña. Así que no importa lo grande que sea el macho en realidad, siempre parecerá más grande con esta ilusión perceptual. Del mismo modo que el pergolero pardo, el pergolero grande también vuelve a colocar los objetos en el lugar donde estaban cuando investigadores intrusos los cambian de sitio.

Los pájaros jardineros no son los únicos que practican la decoración por sexo. Algunos peces cíclidos construyen alcobas en la arena con forma de volcán de hasta tres metros de diámetro y, al igual que las construcciones de los tilonorrincos, el aspecto de las alcobas contribuye a la belleza sexual del macho. Otros cíclidos decoran sus territorios con caparazones de caracolas, pero a diferencia de las alcobas, los caparazones tienen una función más utilitaria, ya que es ahí donde las hembras depositan sus huevos. Cuantos más armazones haya en el territorio del macho, más hembras se aparearán con él. En un caso curioso, otra ave, el macho de collalba gris, acarrea piedras hasta las cavidades de sus nidos antes de que su pareja ponga los huevos; las piedras no sirven para atraerla, puesto que ella ya está allí. Cada semana, este pájaro de cincuenta gramos de peso acarrea en promedio entre uno y dos kilogramos de piedras hasta su nido, lo que equivale a cincuenta veces su peso corporal. Las piedras no tienen una finalidad inmediata, pero los estudiosos han sugerido que, de manera análoga a los tipos que hacen pesas en el gimnasio, estos machos recurren a este comportamiento para hacer alarde de su fuerza ante las hembras. Como último ejemplo, muchos cangrejos violinista añaden el levantamiento de pilares a las exhibiciones en las que agitan la pinza más desarrollada adelante y atrás. La estructura vertical de los pilares es especialmente visible dada la disposición de los detectores en los ojos de los cangrejos. Aunque en muchos de estos casos no sabemos cómo interaccionan estos fenotipos sexuales extendidos con el cerebro sexual, yo sospecho que están muy influidos por los sesgos perceptuales y cognitivos que contribuyen a la estética sexual del elector.

* * *

La neuroestética, una ciencia relativamente nueva, aborda la apreciación visual humana de la belleza desde una perspectiva centrada en el mecanismo. Los humanos tenemos un sentido de la estética visual bien desarrollado que aplicamos a numerosos ámbitos, como las bellas artes, los paisajes naturales y, por supuesto, la belleza sexual. ¿Cómo interacciona la captación visual de rasgos con el cerebro sexual para provocar la percepción de la belleza? La neuroestética visual pregunta al cerebro por qué le gusta lo que ve. Tal como señala el experto en neurociencia cognitiva Anjan Chatterjee, el procesamiento de la información visual se puede dividir en tres categorías: temprano, intermedio y tardío. El procesamiento temprano extrae elementos simples del entorno visible, como el color y el brillo, de forma muy similar a como lo hacían las mojarras que ya vimos en este capítulo. El procesamiento intermedio separa esos elementos en partes coherentes. Y el procesamiento tardío determina cuáles de esas partes coherentes atraen nuestra atención.[31] La perspectiva forzada de los pájaros jardineros surge en esta fase tardía del procesamiento.

La estética visual humana puede verse afectada por cada una de estas categorías de procesamiento, y puede portar sesgos inducidos por influencias culturales o inherentes al cerebro. Según Chatterjee, es probable que la preferencia por los rostros simétricos no tenga nada que ver con la experiencia cultural, ya que esta tendencia se observa en todas las culturas. Además, el comportamiento de los niños, aunque en teoría aún podría responder a ciertas expectativas culturales, también sugiere una preferencia intrínseca por la simetría: a la semana de nacer, los bebés prefieren ver caras más simétricas, y a los seis meses de edad manifiestan un interés activo por caras más atractivas. Como vimos en las preferencias por la simetría en otros animales, parece que el sistema visual cuenta con algunas propiedades esenciales que sesgan el cerebro sexual para que prefiera la simetría. Las preferencias de las golondrinas por la simetría de la cola, de los peces por la simetría en las rayas, y nuestra propia preferencia por la simetría en el arte y los rostros podrían derivar en todos los casos de los mismos fundamentos operativos del sentido de la vista.

Hay numerosos ejemplos de perceptos de belleza basados en la cultura. Darwin, por ejemplo, llegó a la conclusión de que la diversidad del color de piel entre los humanos surgió por la preferencia cultural de parejas con un color de piel determinado. De manera análoga, las preferencias por un color de pelo, por un tipo de pelo, por una figura corporal particular y por una proporción concreta entre cintura y cadera se creen condicionadas por la cultura de cada cual. El debate entre «si naces o te haces», el peso de los genes frente al peso de la experiencia, ha dejado de interesar en biología. La mayoría de los rasgos parecen estar influidos tanto por los genes, ya sea a través de secuencias genéticas diferentes en el ADN o de la regulación de la expresión genética, como por el mundo circundante, tanto por el interior como por el exterior del cuerpo. Los rasgos no difieren porque sean de nacimiento o adquiridos, sino por el grado de interacción que existe entre lo que traemos de nacimiento y lo que aprendemos después. La cuestión de si nacemos o nos hacemos (y este debate aún levanta ampollas en las ciencias sociales) repercute muy poco en realidad en la forma en que evoluciona la belleza para ajustar el cerebro sexual. Con independencia de si la preferencia por un color en la pareja procede de la secuencia de la opsina que determina la sensibilidad al color de los fotorreceptores, como en la mojarra, o si se debe al aprendizaje a partir del color del pico de los progenitores, como en el caso del diamante mandarín, estas preferencias condicionan la evolución del color en la pareja.

Lo que percibimos como bello está muy influido por todas las capacidades sensoriales del organismo, pero no reside en ellas. Como comentamos en el capítulo uno, el cerebro sexual involucra a todos los sistemas neuronales que obtienen información sobre la belleza sexual del mundo circundante, analiza esa información y después toma decisiones, como determinar qué es bello. Un terreno en el que los estudios de la estética humana superan los estudios sobre estética animal es el empleo de las técnicas de creación de imágenes neuronales para determinar de qué manera los diversos estímulos visuales, ya sean arte abstracto o imágenes sexuales, activan el sistema de recompensa de dopamina, la parte del cerebro que modela «el gusto y el deseo» y que tratamos en el capítulo anterior.

Numerosos estudios de humanos han revelado que la visualización de imágenes atractivas, ya sean caras o cuerpos enteros, estimula varias zonas del cerebro asociadas con el sistema de recompensa. Pero no solo sentimos placer cuando vemos imágenes con atractivo sexual, sino que también sentimos deseo. El sistema de recompensa es el lugar donde el placer se une al deseo. No solo nos gusta, también lo queremos. Este es el sistema del que se adueñan algunas drogas, algunos alimentos y algunos juegos, y el que es capaz de convertir algunos placeres hedonistas esenciales en adicciones discapacitantes, un tema que analizaré más a fondo en el capítulo ocho cuando veamos la pornotopía. La neuroestética es muy prometedora para el esclarecimiento de nuestra estética sexual desentrañando no ya por qué son atractivos los rasgos sexuales, sino también por qué los deseamos tanto. Es el deseo sexual lo que reside en la base de lo que percibimos como sexualmente bello.

Los estudios de neuroestética suelen recopilar información sobre la respuesta de los sujetos ante imágenes visuales atractivas, más que sonidos u olores. Así que gran parte de lo que percibimos cuando se trata de sexo nos llega a través de los ojos. Pero también oímos, tocamos y olemos para valorar la belleza sexual, y muchos otros animales están mucho mejor dotados de estas otras modalidades sensoriales. A continuación volveremos la vista y el oído hacia animales que dan más importancia al sonido de sus parejas que a su aspecto exterior.

5
Los sonidos del sexo

El canto funciona más como algo afectivo que como algo simbólico, y la variedad se produce no para diversificar el significado, sino para mantener el interés de quien escucha.

PETER MARLER

A Helen Keller* se le atribuye la observación de que la ceguera separa a la gente de las cosas, pero la sordera separa a la gente de la gente.[1] Por supuesto, las personas que padecen sordera no están aisladas y rechazan con rotundidad la afirmación de Keller. Pero cada órgano sensorial accede al mundo de un modo diferente, y percibe con texturas bastante distintas. La vista ofrece una, y el sonido, otra. Los sonidos del sexo no se limitan a los jadeos y gemidos de los dormitorios humanos. Los sonidos son una parte

* Helen Keller fue una escritora y activista política estadounidense sorda y ciega desde los diecinueve meses de edad y muy conocida por sus numerosas intervenciones públicas en defensa de una sociedad más justa y más sensibilizada con las personas con discapacidad. (*N. de la T.*)

esencial del cortejo tanto animal como humano. El canto de las aves, de las ranas y de los grillos, los bramidos del ciervo común, el tamborileo de algunos peces y hasta gran parte de la música humana están rodeados de sexo.

Como vimos en el capítulo dos, casi todas las seis mil especies de ranas conocidas de este planeta emiten cantos de apareamiento específicos de su especie. Cuando los estudiosos indagan, descubren que las hembras casi siempre se sienten atraídas por el canto de su propia especie, en detrimento del de otras y, cuando escarbamos aún más, comprobamos que el cerebro de las ranas hembra está programado para que el canto de sus machos le resulte más atractivo que el de intrusos de otras especies. El comienzo de la primavera en las zonas templadas o de la estación lluviosa en los trópicos suele conllevar el estallido de miles de cantos de ranas y sapos macho con la intención de seducir a las hembras de cada especie. Eso fue lo que oímos tanto de día como al atardecer en las selvas nubosas de las montañas del oeste de Panamá durante una visita que realizamos en 1990. En la zona próxima a la Reserva Forestal Fortuna hay una rana diurna, la rana arlequín o pintada (*Atelopus varius*), que exhibe un dibujo verde chillón sobre fondo negro en el lomo. Es llamativa para la vista, pero también para el oído, porque emite silbidos agudos y cortos desde las rocas en la zona de salpicadura de las frías y rápidas corrientes de agua procedentes de las cumbres montañosas. No es habitual que las ranas canten para encontrar pareja durante el día, pero tampoco es raro. Lo inusitado de estas ranas es que carecen de oído, o al menos de oído externo, el tímpano que suelen tener las ranas en la parte exterior de la cabeza. Las ranas arlequín también están desprovistas de los huesecillos del oído medio que conectan el oído externo con el oído interno. En vista de los desafíos auditivos a los que se enfrentan estas ranas, mis amigos Walt Wilczynski y Stan Rand y yo nos preguntamos si llegarían siquiera a oír, y en tal caso, si un sistema auditivo tan deficiente les permitiría localizar el origen de un canto.

Cuando visitamos Fortuna, las ranas arlequín eran tan abundantes que teníamos que andar con cuidado para no pisarlas a medida que ascendíamos remontando ríos. Realizamos experimentos para conocer su comportamiento de localización; les pusimos grabaciones de cantos de machos intrusos a través de un altavoz situado en el río con la intención de provocar una pugna y comprobar lo bien que la rana residente localizaba el origen del canto intruso. Por ofrecer un resumen compasivo de una historia que se prolongó hasta la extenuación, diré que las ranas se mostraron capaces de localizar el origen de las llamadas, pero nuestros experimentos no lograron revelarnos pistas sobre cómo lo conseguían. Nuestro estudio fue un fracaso estrepitoso, pero encontramos cierto amparo durante las noches, cuando nos arrullaban los cantos de apareamiento de cientos de ranas de una docena de especies distintas; sabíamos que esas otras especies de ranas podían oír, y que lo hacían al estilo tradicional, usando todas las partes del oído de una rana convencional. Decidimos que debíamos replantearnos el enfoque para estudiar aquellas ranas carentes de oído y regresar a Fortuna en algún otro momento para profundizar en la mecánica de la audición de las ranas arlequín.

Ese día nunca llegó ni llegará jamás. Stan Rand falleció en 2005 y, por entonces, también murieron casi todas las ranas de aquellas montañas del oeste de Panamá presas del mortal hongo quítrido que ha causado la extinción de legiones de ranas en todo el mundo. Cuando me contaron que los investigadores ya no lograban encontrar una sola rana en Fortuna, no me lo podía creer. Dos amigos, Tony Alexander y Steve Phelps, y yo viajamos a Fortuna para verlo y oírlo por nosotros mismos. Recorrimos la selva durante días y noches en condiciones perfectas para las ranas, con una lluvia apacible durante la noche y un ambiente neblinoso de día, buscando, aguzando los oídos en el abrumador silencio que reinaba a nuestro alrededor. En total oímos un solo silbido de una sola rana. Cuando rastreamos aquel canto y vimos el ejemplar, nos pareció estar contemplando el animal más desamparado del universo. Por desgracia, esta es la clase de catástrofe que presagió Rachel Carson en *Silent Spring*,* el libro que contribuyó a fundar el movimiento ecologista.[2]

Desde entonces, el hongo quítrido se ha propagado más allá de las montañas del oeste de Panamá a través del canal de Panamá y ahora avanza hacia América del Sur. En tiempos recientes, mi alumna de posgrado Sofía Rodríguez y yo hemos constatado que ya se han infectado hasta las ranas túngaras del Tapón del Darién, una región de selva tropical prístina alejada de cualquier carretera que pueda facilitar la invasión del hongo quítrido.[3] La rana túngara y alguna otra especie de ranas de llanura parecen tener cierta resistencia al hongo; aunque debilita a los individuos, aún no parece haberse producido ninguna extinción en poblaciones de rana túngara atribuible a este hongo. Probablemente se debe a que estas ranas habitan en llanuras, donde imperan temperaturas elevadas no aptas para el hongo. Otra parte de la explicación podría ser que los machos manifiestan sin querer que portan el hongo, y las hembras logran captar esa información. Sofía reveló que el canto de los machos infectados difería de los que no lo estaban.[4] A continuación comprobó las preferencias de las hembras ante pares de cantos de machos en ambos estados, con el hongo y sin él. Las hembras preferían el canto del macho cuando estaba sano frente al canto del mismo macho infectado con el hongo quítrido. Aunque me alegra que mi especie favorita de rana siga sobreviviendo a pesar de la embestida de este hongo, no me sirve de mucho consuelo dada la increíble pérdida de diversidad biológica que ha deparado este microorganismo por sí solo.

Pido disculpas por este ligero desvío del tema que nos ocupa, pero este libro versa sobre animales reales, y muchos de ellos tienen verdaderos problemas para sobrevivir, y no solo para apa-

* Versión en castellano: *Primavera Silenciosa*, de Rachel Carson, Barcelona: Crítica, 2013, trad. de Joandomènec Ros. (*N. de la T.*)

rearse. Profundicemos ahora en la estética sexual responsable de todos los sonidos encantadores que emiten estos animales.

* * *

Oír es una hazaña extraordinaria, igual que ver, pero se trata de dos acciones muy diferentes. Cuando hablamos, hacemos vibrar las dos cuerdas vocales de la laringe, cada una de ellas de menos de dos centímetros de largo. Esa vibración modifica la presión del aire alrededor de la laringe, esos cambios de presión se modulan a continuación con las frecuencias de resonancia de la garganta y, a medida que las fluctuaciones de presión salen del cuerpo, se matizan aún más con la lengua y los labios. Cuando dejamos salir una palabra de la boca, esta modifica la presión del aire circundante a medida que las moléculas se comprimen más y menos siguiendo un patrón que acaba dotando de significado al sonido. Estos cambios en la presión del sonido, originados en un primer momento en las cuerdas vocales, acaban llegando a la cabeza del destinatario, la persona en cuyo comportamiento queremos influir. Cuando nos oye, tal vez no le chirríen los oídos, pero sí le vibran los tímpanos como respuesta a esos cambios de presión. La vibración del tímpano mueve la cadena de huesecillos del oído medio, uno de cuyos extremos está unido al interior del tímpano mientras que el otro está conectado con el oído interno. El temblor de esos huesecillos agita el fluido del oído interno, lo que activa las células pilosas del oído interno, las neuronas auditivas, y todas esas respuestas neuronales llegan al cerebro auditivo, donde se procesan con todo detalle. Si lo percibido son sonidos sexuales, el sistema auditivo asigna esas respuestas neuronales al cerebro sexual. Me he saltado algunos detalles, y existen extraordinarias variaciones sobre el mismo tema cuando se trata de animales, pero era necesario tener una idea general o, al menos, oír la banda sonora.

Reflexionemos un poco sobre lo maravilloso que es oír. Imagina que no puedes ver y que posas las manos sobre la superficie inmóvil de un estanque cuando alguien arroja una piedra a su interior. Sabrás que ha pasado algo al notar la vibración de la superficie del agua. Tal vez, si tienes los sentidos muy agudos, alcanzarías a sospechar el tamaño de la piedra, por lo menos si era un guijarro o un peñasco, pero en ningún caso su color, temperatura, o quién lo lanzó. Esa vibración de la superficie te revelará muy pocos datos. Pero, si hago vibrar los dos pequeños pliegues de tejido que tengo en el interior de la laringe, haré que fluctúen las ondas de la presión del aire y, aparte de recibir toda la información que yo quiera darte, también podrás presumir mi género, mi tamaño y mi edad. Además, el plegamiento de las cuerdas vocales me permitiría provocarte emociones, como diversión, ira o miedo, y hasta podría hacer que te acercaras a mí, que me esquivaras o que me atacaras… a mí o a otra persona.

En este capítulo reflexionaremos sobre cómo la mera producción de sonidos permite a los pretendientes informar a los electores no solo sobre quiénes son, como, por ejemplo, de qué especie, sino también cómo son, si son jóvenes o viejos, si están sanos o enfermos. Asimismo veremos cómo están diseñados esos sonidos con la finalidad de que lleguen a lo más hondo del cerebro del elector e influyan de manera óptima en su estado de atención y de motivación, en su ambiente hormonal, en su sistema de recompensa y, en última instancia, en su elección de pareja.

* * *

Ya hemos comentado lo importante que es que los electores se apareen con pretendientes de su misma especie, con conespecíficos, puesto que las uniones con heteroespecíficos suelen conllevar un desperdicio de energía. Es de esperar, y así se comprueba incluso, que esta necesidad haya favorecido la aparición de rasgos en los pretendientes que los identifiquen, y la aparición de sesgos perceptuales en los electores para que encuentren más atractivos a los pretendientes conespecíficos. Por tanto, el cerebro, en este caso el cerebro auditivo, debería evolucionar para incorporar aspectos del canto de cortejo de un conespecífico en su estética sexual. Los trinos del canario macho son encantadores tanto para nosotros como para los canarios hembra, pero podemos estar seguros de que los jilgueros y los pavos, y sin duda los grillos y las ranas, no encuentran nada sexis esos cantos. La manera en que se programa la estética acústica del cerebro de los electores en favor de los cantos de sus congéneres varía en sus detalles. Por ejemplo, tal como vimos con la rana túngara, el proceso lo inicia la frecuencia a la que tienen afinado el oído interno; mientras que en el caso de los grillos, son los nervios auditivos del tórax los que más determinan el ritmo de su canto; y el sistema periférico de las aves, como el oído interno, apenas está sesgado hacia los sonidos de conespecíficos, porque esos sesgos residen en varias áreas del cerebro. El cerebro posee numerosos recursos para sesgarse hacia los sonidos de su propia especie.

Una vez que el cerebro está programado para preferir el canto de su propia especie, algunos cantos encajarán mejor que otros con la percepción del sonido que se supone que debe emitir esa especie. Tal vez no haya diferencias entre los pretendientes en cuanto a salud, recursos o genética, pero puede que algunos casen mejor con la estética interna, que suenen un poco más como se supone que debe sonar un canario, por ejemplo, que otros de sus competidores sexuales. Esos serán los pretendientes más solicitados porque, y solo porque, son sexualmente bellos.

Las vocalizaciones no solo varían de una especie a otra, sino que entre poblaciones de una misma especie hay diferencias sustanciales. Un amigo mío, Eddie Johnson, ocupó un puesto como profesor universitario en Idaho, lejos de su lugar de nacimiento, Brooklyn, en Nueva York. A pesar de haber pasado muchos años fuera de Brooklyn, el acento de Eddie era el de un perfecto

«Bowery Boy»;* nadie podría confundirse sobre su procedencia. Bueno, nadie excepto la secretaria de su departamento. Mientras enseñé allí esta señora me comentó lo compasivo que le había parecido el claustro de profesores al contratar a alguien con un impedimento tan grande en el habla; da la impresión de que para ella la lengua inglesa solo se habla de una manera, la suya. En la obra de teatro *Pigmalión* de George Bernard Shaw, y su adaptación al cine *My Fair Lady*, el doctor Henry Higgins es capaz de detectar el lugar de origen de cualquier persona de habla inglesa con una precisión increíble basándose únicamente en su acento o dialecto.

Pero entre animales también se conocen diferencias dialectales, sobre todo en las aves canoras. El canario y el diamante mandarín no son más que dos de las cinco mil especies de aves canoras que existen. Al igual que las ranas, cada especie tiene un canto particular y, a diferencia de las ranas, las aves canoras aprenden sus cantos de sus progenitores o vecinos durante las primeras etapas de la vida. Algunas aves no aprenden ninguna otra nota después de ese periodo, mientras que otras son capaces de seguir ampliando el repertorio año tras año. Nadie aprende las cosas a la perfección, ya sean pájaros u otras bestias. Es bastante habitual que un macho tenga un canto ligeramente distinto al de su padre cuando crezca. A través de las distintas generaciones esas diferencias se acumulan y, a la larga, una población de gorrión coroniblanco, por ejemplo, sonará algo distinta de otra población. Tienen dialectos diferentes. ¿Importa esto? Parece que sí, porque no solo los machos aprenden qué cantos deben emitir cuando están en el nido, sino que las hembras también aprenden qué cantos son los atractivos. Una serie de estudios, sobre todo los efectuados con gorriones coroniblan-

---

* *The Bowery Boys* fue el título de una serie de comedias estadounidenses de bajo presupuesto grabadas entre los años 1946 y 1958. Estaban ambientadas en el barrio Bowery de Nueva York (en el sur de Manhattan) y protagonizadas por un grupo de adolescentes con un marcado acento local de ese barrio y otros aledaños, como Brooklyn. (*N. de la T.*)

cos, evidencian que las hembras prefieren los cantos de machos con un dialecto local.

Hay muchas anécdotas sobre las preferencias dialectales entre humanos, pero no siempre se trata de preferencias por el dialecto local. Conozco muchas mujeres del sur de Estados Unidos que encuentran muy poco atractivo el dialecto de ciertas personas de Nueva Jersey, como el de *Los Soprano,* y conozco a muchos chicos de Jersey que se deshacen al oír el acento de una belleza sureña. En las aves y los humanos, las preferencias de dialecto no tienen por qué implicar un beneficio utilitario para el elector, aunque cabe imaginar que puede tener algunas ventajas. Por ejemplo, se ha planteado que el dialecto de un ave indica que está mejor adaptada a los hábitats locales, así que las hembras residentes en esos hábitats deberían preferir esos machos. El razonamiento es lógico, pero apenas hay datos para saber si también es biológico, si ocurre realmente así en la naturaleza. Puede que a las electoras sencillamente les guste más lo que les resulta familiar o, en algunos casos, lo que encuentran exótico.

Los dialectos humanos dan pistas no solo sobre nuestra procedencia geográfica, sino también sobre nuestra posición social. Veamos las siguientes frases en las que únicamente intercambiaremos una palabra, la que está entre paréntesis, por la precedente:

> Mi hermano fue a buscar los análisis (*análises*) al hospital.
> Me estuve riendo (*riyendo*) toda la tarde.
> Ayer compramos (*compremos*) comida para el gato.

En cada una de estas frases, la palabra casi homófona entre paréntesis se suele asociar con un nivel socioeconómico bajo. Cuando chicas jóvenes de Ontario oyeron frases equivalentes en inglés dichas por hombres de una edad similar procedentes de Escocia, ellas fueron perfectamente conscientes de la posición social de cada cual y consideraron más atractivo el acento local más «correcto». Cuando las mujeres eligen pareja, quieren recursos; y, tal como señalan

Jillian O'Connor y sus colegas de la Universidad McMaster y el MIT, ¿qué mejor indicador de recursos hay que el habla?[5]

* * *

Ciertamente en los humanos, y también en el resto de animales, la decisión más frecuente a la hora de elegir pareja no consiste en escoger entre especies o entre pretendientes con distintos dialectos, sino en elegir entre pretendientes de la misma especie y la misma población. Las hembras no se dejan seducir con facilidad, y los machos deben ser muy perseverantes con sus reclamos vocales para asegurarse una pareja. Muchas aves canoras, grillos y ranas cantan miles de veces al día con la intención de convencer y seducir a las hembras de su especie. Pero estos comportamientos salen caros: con el canto aumenta considerablemente el ritmo de consumo de oxígeno, al igual que el de ácido láctico en los músculos. En algunas especies, los machos pierden peso, incrementan las hormonas del estrés y pierden testosterona después de unos días seguidos cantando, lo que los obliga a tomarse un descanso de varios días para reponer sus reservas energéticas. Este coste energético del canto actúa como un filtro para evitar que los machos más enfermizos y más débiles participen en el mercadillo sexual.

Pero la emisión de sonidos con fines sexuales tiene un coste adicional: los furtivos. Los furtivos abundan, y escuchar las conversaciones de otros es una vía utilizada muy a menudo por depredadores y parásitos para encontrar alimento o huésped. Ya hemos hablado de un furtivo muy experimentado: el murciélago ranero. Sin embargo, el furtivo por excelencia lo encarna la mosca parasitaria llamada *Ormia*. Estas moscas han desarrollado un oído sofisticado, único entre todos los insectos, que les permite localizar el canto de los grillos. Las hembras usan los grillos como huésped para sus larvas. Cuando una hembra de mosca se posa sobre un grillo macho que canta, las larvas salen de ella y se deslizan al interior del macho. Después se lo irán comiendo de dentro afuera a medida que se desarrollen hasta que acaben matándolo. La diabólica estrategia consiste en devorar primero los músculos del canto, lo cual enmudece al macho y evita que atraiga sin querer a otras *Ormia* con larvas que puedan hacerles la competencia. La mosca *Ormia* invadió Hawái hace unos cien años, y los grillos locales están pagando un precio por ello. Marlene Zuk y sus colaboradores han revelado que el parasitismo ha alcanzado tal magnitud en la isla hawaiana de Kauai que la evolución ha desarrollado en los grillos una última adaptación para evitarlo: el silencio.[6] Los grillos macho producen sonido frotando las alas; cuando mueven la cresta de un ala sobre el raspador de la otra, suena el «cricri» característico. La mutación que impide cantar a los grillos de Kauai ha alterado la forma del ala; los machos con «alas lisas» son incapaces de cantar, y deben interceptar las hembras que pasan junto a ellos para poder aparearse. Curiosamente, el ala mutante, lisa y silenciosa, ha aparecido recientemente en la isla cercana de Oahu. Podría parecer que lo más probable es que los grillos mutantes hayan pasado a la otra isla, pero no es así. Nathan Bailey y sus colegas han evidenciado que las mutaciones genéticas que dieron lugar a las alas lisas son distintas en las dos islas.[7]

La capacidad para eludir depredadores y parásitos podría actuar como otro filtro que restringe el mercadillo sexual a los machos más sanos de la población, o tal vez a los más sigilosos. Desconocemos si los machos que evitan los depredadores y parásitos cuando cantan tienen buenos genes o buena suerte. Pero en el caso de los grillos hawaianos sabemos que se trata de una mutación afortunada que los deja fuera del concurso de canto.

El mero hecho de escuchar permite a los electores recabar muchas clases de información sobre un pretendiente. Los pliegues vocales que todos los humanos articulamos al hablar no siempre tienen el mismo tamaño, y para aparearse el tamaño suele importar. En general, cuanto más grandes sean las cuerdas vocales, más lenta es su vibración y, por tanto, más baja la frecuencia de sonidos que producen. No es de extrañar que la gente grande tenga cuerdas vocales más grandes y, por tanto, voces más graves; aparte de las diferencias de tamaño corporal entre ambos géneros, los hombres suelen tener voces más graves que las mujeres, porque la testosterona incrementa la masa de las cuerdas vocales. En el mismo estudio ya comentado sobre preferencias en cuanto a diferencias sociolingüísticas, O'Connor y su equipo revelaron además que las mujeres preferían las voces graves o, tal como lo expresaron ellos, más masculinas.[8] Su explicación es que niveles más altos de testosterona pueden ser señal de buena salud, y las mujeres quieren machos más sanos. Esta preferencia podría suponer una ventaja directa tanto para la mujer como para los hijos que ella pueda tener con su galán con voz de barítono, puesto que seguramente durará más para cuidar de todos ellos. También es posible que este tipo de preferencia conlleve ventajas genéticas indirectas si transmite esa lozanía a su descendencia. Por tanto, la elección de voces más masculinas también podría implicar la elección de genes de calidad para la supervivencia.

* * *

En el capítulo anterior revisé varias de las evoluciones experimentadas por los rasgos visuales de los pretendientes para explotar algunas funciones esenciales del cerebro visual. Dada la forma en que funciona el cerebro auditivo, existen diversas estrategias que pueden adoptar los pretendientes para resultar más atractivos a los electores. También en el capítulo cuatro comenté lo importante que es para los pretendientes que los vean; pues es igual de importante que se dejen oír.

Yo resido en Austin, Texas, la autoproclamada «capital mundial de la música en directo». Gran parte de esa música se interpreta al aire libre, y buena parte de ella se oye desde grandes distancias. Si te colocas a una distancia razonable delante del escenario, oyes los pulsos nítidos y rápidos del saxofón y el tono agudo del violín, así como el golpeteo más lento de la batería y el tono más grave del bajo. Pero, a medida que te alejas, todos esos pulsos nítidos se funden en un sonido continuo, y las notas altas del violín se disipan en el ambiente. Si te apartas aún más, lo único que se oye son los golpes de batería y el retumbar del bajo. Esto se debe a que no todos los sonidos se transmiten con la misma eficacia a través de la distancia y a través del medio. Los aspirantes harían bien en tomar nota de algunos principios generales sobre la transmisión del sonido: cuanto más rápido se suceden los sonidos individuales, ya sean notas de un saxofón o sílabas de un gorrión, más se degradan los pulsos con la distancia; cuanto mayor sea la frecuencia del sonido, más amplitud pierde con la distancia; y cuanto más denso sea el entorno, como una selva frente a una campiña, más se perderá la estructura del pulso y las frecuencias altas.

¿Tienen en cuenta los pretendientes, o al menos sus genes, estos principios generales de la física del sonido? Las llamadas y cantos de cortejo de muchos animales consisten en fuertes chillidos para llamar la atención, más que en amables susurros para intimar. Cuanto más lejos se haga oír el pretendiente, mayor será su audiencia de parejas potenciales y, en ciertos casos, los animales han desarrollado sonidos para aumentar su audiencia sexual. El ornitólogo Eugene Morton inició la disciplina de la acústica de los hábitats cuando estudió los cantos de más de cien especies de aves en los bosques y campos de Panamá y demostró que los trinos de las aves de campiña tienen frecuencias más altas y pulsos más rápidos que las aves de bosque.[9] Estas aves han evolucionado para hacerse oír a distancias más largas empleando aquellos sonidos que mejor se propagan por sus hábitats: altas frecuencias y pulsos rápidos en la campiña, y tonos y silbidos de bajas frecuencias en los bosques. El carbonero común de Europa y las ranas grillo de Texas hasta exhiben adaptaciones acústicas en distintas poblaciones dentro de la misma especie.[10] El carbonero común, por ejemplo, usa pulsos más rápidos, parecidos al código morse, cuando canta en los campos de Marruecos, pero recurre a trinos más tonales cuando lo hace en los bosques de Inglaterra. Cuando oímos pájaros, grillos y ranas a grandes distancias, no es por casualidad; sus cantos han evolucionado para adaptarse a algunos principios básicos de la física para llegar lejos, y nosotros los oímos porque pasábamos por allí.

Estas especies han tenido un montón de tiempo para desarrollar reclamos de cortejo que casan bien con el entorno en el que los emiten. Pero, ¿qué ocurre con las aves que se ven atrapadas de repente en entornos urbanos con todo su bombardeo de ruido antropogénico? Seguramente no ha habido suficiente tiempo para que desarrollen trinos a prueba de ruido, pero los cambios de comportamiento no solo se dan al tedioso ritmo de las mutaciones y la selección. Muchos comportamientos son flexibles y funcionan como equipos de respuesta rápida que permiten continuar al organismo hasta que la evolución se pone al día.

Hans Slabbekoorn y sus compañeros de los Países Bajos han revelado que las aves canoras tienen suficiente flexibilidad cognitiva y conductual como para ponerse manos a la obra, o al menos voces a la obra, sin necesidad de esperar a que los genes muten. Cuando estos investigadores compararon el trino del carbonero común de las zonas urbanas con el del carbonero de zonas más rurales, descubrieron que las aves de ciudad usaban sílabas más agudas que potenciaban su canto por encima de la banda de frecuencia de los sonidos urbanos. Uno de sus alumnos, Wouter Halfwerk, evidenció entonces que los machos que emitían esos cantos más agudos tenían más probabilidad de ser elegidos como pareja, probablemente porque las hembras detectaban con más facilidad esas señales en medio del ruido.[11]

Desde la perspectiva de un pretendiente, el ruido es cualquier cosa que interfiera en su señal. La mayor fuente de ruido para la mayoría de los galanes no es el viento, ni el sonido de otras especies, ni tan siquiera el estruendo de la ciudad, sino el individuo que tiene al lado. Un pretendiente necesita destacar por encima de ese ruido para que él sea el individuo escuchado, para ser él el individuo captado por el elector. Una forma de conseguirlo consiste en alzar la voz cuando suben los niveles de ruido circundantes. Esto recibe el nombre de *efecto Lombard* cuando se produce como respuesta a lo que solemos considerar ruido, como el viento o la ciudad, pero los pretendientes también elevan la voz cuando compiten con otros pretendientes. Cantar más fuerte que el otro no es la única solución para destacar. Como señalamos en el capítulo dos, la rana túngara añade más chasquidos a su canto cuando compite con otros machos, a pesar del coste de arriesgarse más a sufrir depredación. Otros animales aceleran el canto, o lo alargan o le añaden más notas. Hay muchas soluciones para hacerse oír en medio del «ruido social» y los animales parecen haber reparado en la mayoría de ellas.

Suceden muchas cosas a nuestro alrededor, y recibimos un bombardeo constante de estímulos. Como se comentó en el capítulo tres, tendemos a ignorar los estímulos repetitivos y a volver a prestar atención cuando cambia algo. Nos habituamos a lo que siempre es igual, y nos deshabituamos cuando aparece algo nuevo que merece nuestra atención. Este es otro principio básico que los pretendientes utilizan para diseñar sus señales sexuales.

Uno de los rasgos más sorprendentes de las aves canoras es que suelen contar con repertorios de trinos bastante largos. El ruiseñor, por ejemplo, es capaz de producir más de 150 tipos de cantos. Numerosas aves miméticas, como el sinsonte y las aves del paraíso imitan el canto de otras especies, así como sonidos de piano y hasta el ruido del cortacésped, para ampliar el tamaño de su repertorio. En la mayoría de los casos estudiados, las hembras encuentran más atractivos los repertorios grandes que los reducidos. ¿Por qué?

Hace más de medio siglo, Charles Hartshorne, conocido filósofo de la «teología del proceso» y entusiasta de las aves, propuso la «hipótesis del umbral de monotonía» para explicar por qué los pájaros desarrollan largos repertorios de cantos.[12] Hartshorne pensaba que los trinos complejos consiguen distraer mejor la atención de vecinos que en caso contrario penetrarían en el territorio de uno. Esta idea recibió el respaldo del eminente etólogo Peter Marler, citado en el epígrafe de este capítulo, quien también defendía que la variedad de cantos evolucionó no para ampliar el significado del canto, sino para mantener el interés. La idea de Hartshorne encuentra cierta confirmación en el comportamiento de los pájaros hembra, en sus neuronas auditivas y en sus genes.

El ornitólogo William Searcy evidenció que una hembra de zanate norteño puede sentirse atraída en un primer momento por el canto de un macho, pero perderá el interés si el macho repite la misma sílaba una y otra vez.[13] Sin embargo, si la sílaba cambia, retornan los deseos libidinosos de la hembra y ella responderá dando muestras de solicitar su cortejo, comunicando de facto «¡venga, vamos a ello!». Un fenómeno paralelo se produce a un nivel neuronal, según ha revelado el neurogenetista David Clayton.[14] Cuando una hembra de diamante mandarín oye la misma sílaba repetidas veces, sus neuronas auditivas dejan de responder: se habitúan. Si la sílaba varía, la neurona vuelve a reaccionar; se libera de la habituación. El aburrimiento de la hembra y su liberación de él no se restringen tan solo a su comportamiento y sus neuronas, sino que también influyen en su ADN. La expresión del gen *zenk*, que indica saliencia de señales, se suprime como respuesta a la misma sílaba repetida y se potencia cuando se percibe una sílaba nueva. A partir de estos estudios hemos adquirido cierta idea de por qué las hembras de aves canoras encuentran más bellos a los machos más locuaces: son menos aburridos.

Ante cualquier rasgo seleccionado sexualmente podemos preguntarnos por qué los machos no siempre desarrollan los más bellos de todos, y la respuesta suele ser que no pueden asumir el coste que ello conlleva. La rana túngara puede emitir más chasquidos de los que realiza, pero el murciélago ranero la mantiene a raya; los grillos podrían cantar casi sin parar, pero, si lo hacen, tienen más probabilidades de convertirse en alojamiento y comida de las moscas parasitarias. ¿Y qué impide a los machos de aves canoras incorporar una variedad infinita de notas a sus trinos? Elizabeth y Scott MacDougall-Shackleton revelan que en el gorrión cantor el tamaño del repertorio también actúa como una barrera para los individuos con peor salud.[15]

Las aves canoras están dotadas de un cerebro muy especial para producir las fantásticas melodías que embelesan por igual a sus hembras y a los humanos. Los investigadores conocen bastante bien cómo genera esos trinos el cerebro de las aves. Una de las áreas más importantes se denomina *centro vocal superior*, o HVC (por las siglas de su nombre en inglés: *Higher Vocal Control center*). En general, el centro vocal superior es mayor en las especies con un repertorio de canto más amplio; es mayor en los machos que en las hembras, y la diferencia de tamaño del centro vocal superior entre sexos varía en función de la extensión de los repertorios de canto de machos y hembras. Los MacDougall-Shackleton descubrieron que, en el caso del gorrión cantor, los machos con repertorios más extensos no solo tienen el centro vocal superior más grande, sino que también gozan de mejor forma física. Asimismo manifiestan menos estrés fisiológico y un sistema inmunitario más robusto comparados con sus hermanos de cerebros más pequeños y menos locuaces. Esto podría significar que los machos con más trinos serán mejores padres, puesto que están mejor dotados físicamente, lo que supone un beneficio directo para la hembra electora, porque eso le permitiría tener más descendencia. Si lo que favorece un repertorio más amplio, un cerebro más grande y una descendencia más sana son las diferencias genéticas, en lugar de las diferencias de desarrollo, esta elección también serviría para transmitir algunas ventajas genéticas indirectas a la prole.

* * *

Aunque las electoras deben preocuparse por la calidad de su pareja, porque sea de su misma especie o porque goce de buena salud general, las uniones solo merecen la pena si producen descendencia. Tal como atestigua la abundancia de clínicas de fertilidad, no es lo mismo practicar sexo que reproducirse. Para que haya reproducción el macho y la hembra deben hallarse en el mismo estado fisiológico. Los machos suelen estar listos en todo momento, como vimos en el capítulo uno, pero el desarrollo de los huevos es más complicado que el del esperma; así que el periodo fértil de las hembras es más breve que el de los machos, aunque el macho puede modificar las hormonas de la hembra y acelerar su excitación. Aun así, la fisiología reproductiva interna de la hembra es exigente, y los machos deben actuar en el momento justo.

La tórtola doméstica *(Streptopelia risoria)* es una pariente cercana de las palomas comunes que pueblan muchas ciudades del mundo. Si alguna vez has estado en una ciudad grande, sobre todo en Nueva York o Venecia, y te has parado a observar las palomas en lugar de limitarte a echarles de comer o espantarlas, seguramente habrás visto algún macho emitiendo sonidos de arrullo e hinchando las plumas del cuello mientras da vueltas alrededor de una hembra. Pero, por mucha atención que prestes, rara vez los verás aparearse. Eso solo ocurre después de que el macho haya distraído a la hembra durante varios días y, cuando al fin sucede, acaban en un instante. Para la mayoría de las aves, el acto sexual consiste en un mero «beso cloacal», ya que los machos de casi todas las especies carecen de algo parecido a un pene.

Los expertos han estudiado la tórtola doméstica para saber cómo penetra ese arrullo en la cabeza de la hembra para luego ir directo a sus hormonas. Los detalles se han conocido después de muchos años de investigación iniciados por el fallecido Danny Lehrman, uno de los expertos en psicología comparada más conocidos de su tiempo y fundador del Instituto de Conducta Animal de la Universidad de Rutgers de Newark, en Nueva Jersey, una ciudad que parece tener suficientes palomas para dar de comer al mundo. Lehrman evidenció que el cortejo de las tórtolas domésticas no se limita a que los machos se exhiban ante las hembras, sino que consiste en una serie de esmeradas interacciones entre ambos sexos.[16] El inicio del cortejo es lo que presenciamos en las calles de las ciudades. Si el propio macho está receptivo sexualmente, en concreto, si sus niveles de testosterona superan cierto umbral, inicia el cortejo. El macho inclina la cabeza y empieza a emitir sonidos de arrullo mientras da vueltas alrededor de la hembra exhibiéndose. El arrullo del macho influye en las hormonas sexuales de la hembra y dispara los niveles de estrógeno, y entonces ella devuelve el arrullo y forma un dúo con el macho que repercute en él de dos maneras: aumenta la testosterona y lo insta a cortejarla con más ahínco. En cierto momento, los niveles de estrógeno de la hembra empiezan a descender y aumenta la hormona que modula el comportamiento parental, la prolactina; a continuación el macho y la hembra empiezan a construir un nido juntos. Entonces, y solo entonces, el macho y la hembra se besan no con la boca, sino con el orificio cloacal. La hembra colabora para facilitar que el macho se coloque sobre ella; alinean las aberturas de sus órganos sexuales y el macho vierte un poco de esperma en el interior de la hembra. Una vez finalizado el acto, la testosterona del macho se desploma y aumenta la prolactina, lo que lo prepara para sus deberes paternos, puesto que compartirá con la hembra la incubación de los huevos y la alimentación de los polluelos. Todo el proceso, desde el primer arrullo hasta el beso final, se prolonga durante varios días.

Uno de los pupilos de Lehrman, Mae Cheng, añadió algunos detalles interesantes a este relato bastante completo ya de por sí.[17] Se pensaba que al principio del cortejo la llamada del macho estimulaba las llamadas de la hembra, lo que incrementaba sus niveles de estrógeno. Pero Cheng descubrió que lo que estimula el aumento de los niveles de hormonas en la hembra es oírse a sí misma, oír sus propias llamadas. Y algo muy sorprendente es que la hembra solo responde al macho si él la está mirando. Al menos en esta especie, si la mirada del macho es errática, puede arruinar una relación.

En las tórtolas domésticas vemos que el cerebro sexual de la hembra está conectado con su fisiología sexual. La decisión de corresponder al interés sexual del macho influye en las hormonas sexuales de la hembra y está influida por ellas. El macho debe tocar todos los botones correctos, mantenerlos pulsados durante días y brindarle a la hembra toda su atención en exclusiva para que la fisiología de la hembra comunique al cerebro que este macho es lo bastante atractivo como para recompensarlo con sexo. En las tórtolas domésticas no es inusual que se use el cortejo para ajustar las hormonas del individuo deseado para el sexo. El canto de las aves canoras, el canto de los grillos y el canto de las ranas, así como los bramidos del ciervo común repercuten en los niveles hormonales de las hembras y las sumen en un estado en el que desean sexo.

Como he enfatizado hasta ahora, es más probable que haya sexo cuando uno de los individuos percibe belleza sexual en el otro. Como acabo de explicar, también es más probable que ocurra cuando ambos sexos se encuentran en un estado fisiológico destinado al sexo. En el capítulo tres ilustré que gustar no es lo mismo que desear. De manera análoga, las hormonas reproductivas que incitan a las hembras a ovular, a construir un nido, a limpiar la casa y a cuidar de la prole no son las que impulsan el deseo del sexo. Eso se produce en el sistema de recompensa, y estudios recientes de aves revelan que el canto parece conectar el sistema reproductivo con el deseo de reproducirse.

Donna Maney y sus colaboradores han estado analizando esta conexión en el gorrión coroniblanco.[18] Ya sabemos que en el caso de los gorriones, igual que en el de las tórtolas domésticas y otras aves canoras, el canto del macho influye en los niveles de hormonas reproductivas, como el estradiol, y, por extensión, en la preparación fisiológica de la hembra para aparearse. Estos estudiosos también examinaron áreas del sistema de recompensa, en concreto el núcleo accumbens y el núcleo estriado ventral, que es donde se liberan la noradrenalina y la dopamina, y donde el gusto se acopla al deseo (o, en este caso, donde el placer de oír el trino de un macho se une al deseo sexual por él). Este equipo descubrió que la actividad genética global aumentaba en estas áreas al exponer las hembras a cantos de cortejo. Pero no siempre...

El contexto en el que se producen y reciben las señales sexuales repercute en su significado. La estación del año y el sexo de los individuos son dos de esos contextos. El canto del gorrión coroniblanco sirve para diversas funciones, y una de ellas consiste en señalar su territorio a otros machos. Los machos asignan una saliencia negativa al canto de otros machos y responden a ellos con agresividad en lugar de hacerlo con sexualidad. Los machos de gorrión coroniblanco cantan durante la estación de cría, pero también lo hacen en invierno, fuera de la estación reproductiva. Las hembras se sienten atraídas hacia los machos cantores durante la época de apareamiento, pero atacarán a esos mismos machos si cantan fuera de la estación de cría. La diferencia en la respuesta de las hembras en estaciones distintas se basa en sus niveles de estrógeno. El canto de cortejo solo activa el sistema de recompensa cuando ella tiene unos niveles de estradiol elevados. Solo desencadena el deseo sexual cuando ella está lista para reproducirse. Por tanto, los machos pueden utilizar el sonido para ajustar no solo la disponibilidad reproductiva de las hembras, sino también sus deseos sexuales, o sea, tanto su gusto como su deseo. Pero solo cuando todos los astros están alineados. El canto solo desencadena el gusto y el deseo si las condiciones hormonales de la hembra están listas para la reproducción. Disfrutar del sexo, tener sexo y desear sexo no son lo mismo que reproducirse, y todos estos sistemas deben estar alineados para que los electores deseen a sus pretendientes. En la mayoría de los animales, el acto sexual es inseparable de la función reproductiva, y no es de extrañar que algunos rasgos sexuales evolucionaran para espolear ambas funciones.

* * *

Dos de los grandes temas de este libro son que el cerebro tiene más cosas en mente aparte del sexo, y que esas otras funciones cerebrales pueden influir en qué estímulos se perciben como sexualmente atractivos. Los pretendientes también pueden provocar en los electores respuestas conductuales que no tengan nada que ver con el sexo, pero que incrementen sus posibilidades de conseguirlo. En el capítulo cuatro vimos que los pretendientes usan ciertas manifestaciones visuales para explotar las necesidades de alimento del elector y su deseo de no convertirse en alimento. Los pretendientes acústicos pueden resultar igual de engañosos.

La sensibilidad auditiva animal puede evolucionar para captar sonidos relacionados con el sexo o para otras funciones. Los oídos de los grillos, por ejemplo, poseen neuronas auditivas que captan tanto las frecuencias sónicas de las llamadas de apareamiento, como las frecuencias ultrasónicas de murciélagos depredadores. El experto en bioacústica Ron Hoy y sus colaboradores revelaron que los grillos reducen la mayoría de las variaciones que oyen a tan solo dos categorías, dependiendo de si están por debajo o por encima de 16.000 Hz: las hembras se acercan a los sonidos situados en la categoría de las bajas frecuencias y huyen de los que caen dentro de la categoría de las altas frecuencias.[19]

Las polillas son otro grupo de animales que usa el oído para eludir depredadores. Muchas polillas han desarrollado oídos capaces de detectar murciélagos y órganos que producen llamadas ultrasónicas para interferir en las llamadas de ecolocalización de los murciélagos. Estamos acostumbrados a ver las polillas de noche y, de hecho, la mayoría de ellas es nocturna. Pero hay algunas que han cambiado la noche por el día, y entonces sus principales depredadores son los pájaros, en lugar de los murciélagos. Aunque el peligro de los murciélagos ha desaparecido en estos casos, las polillas diurnas han conservado sus defensas antimurciélagos; aún oyen y emiten ultrasonidos. Para no despilfarrar, la selección ha aprovechado estas adaptaciones antidepredadores para el cortejo. Los chasquidos ultrasónicos han pasado de formar parte del arsenal de defensa de las polillas a pertenecer a su arsenal de cortejo. Y hasta hay polillas nocturnas que utilizan sus defensas acústicas contra murciélagos para el cortejo. El barrenador del maíz asiático es una de estas polillas.

El barrenador del maíz asiático es una de las peores plagas de toda Asia y causa daños valorados en millones de dólares y, a veces, incluso la devastación total de las cosechas de maíz. La hembra del barrenador del maíz deposita unos doscientos huevos en un tallo de maíz, y las larvas lo taladran y se comen casi todas las partes de la planta. Los huevos suelen estar infectados de bacterias, lo que no hace más que acentuar la plaga. Las bacterias feminizan la descendencia masculina, lo que da lugar a proles con mayoría de hembras y eso incrementa el desarrollo y la propagación de las plagas por los campos agrícolas en esa parte del mundo. Esta polilla también emite reclamos durante el cortejo. El macho fricciona las dos alas para producir llamadas ultrasónicas, sonidos que en sus inicios evolucionaron para combatir a los murciélagos, pero que ahora se usan como señales para el sexo.

No todas las armas que han desarrollado las polillas contra los murciélagos son morfológicas; algunas son conductuales. Aparte de oír a los murciélagos y de causar interferencias en su ecolocalización, algunas polillas se dejan caer en picado y de forma errática o simplemente se quedan inmóviles cuando oyen llamadas de murciélagos. El barrenador del maíz reacciona quedándose inmóvil al oír las llamadas de ecolocalización de los murciélagos, y los machos han explotado esta respuesta en sus hembras. El biólogo de la Universidad de Tokio Ryo Nakano y su grupo han evidenciado que los machos emiten una llamada de baja amplitud cuando cortejan a las hembras. La llamada es muy parecida al zumbido que emiten los murciélagos al alimentarse, a la rápida serie de pulsos de ecolocalización que emiten cuando se acercan con rapidez al objetivo que van a aniquilar. Nakano demostró que si se silencia a los machos del barrenador del maíz o si se priva de audición a las hembras, entonces el cortejo no suele funcionar, pero, si los machos emiten su llamada y las hembras la oyen, entonces el sexo está casi garantizado. Esta llamada es tan efectiva porque las hembras responden a ella como si proviniera de un murciélago en lugar de proceder de una polilla macho. Ella se queda paralizada de miedo y, mientras permanece en ese estado inmóvil, apenas opone resistencia al apareamiento del macho.[20] Jim Morrison, el vocalista del grupo *The Doors*, dijo que «el sexo está lleno de mentiras», cabría añadir que en este caso las mentiras van unidas al miedo.

El macho de la polilla barrenadora del maíz imita a depredadores en busca de alimento para engañar a sus hembras. Heather Proctor descubrió que los machos de ácaros acuáticos simulan ser comida para conseguir pareja. Igual que otros animales con la capacidad de la audición, los ácaros acuáticos son muy sensibles a las vibraciones que se producen en el mundo circundante, solo que en su caso esas vibraciones tienen lugar en el agua, no en el aire. Esto es muy positivo porque su alimento preferido son los copépodos, que generan un patrón de vibración muy característico cuando se deslizan por la superficie del agua. Los machos de ácaros acuáticos han evolucionado para imitar ese patrón de vibración y atraer a las hembras, las cuales no se dan cuenta de que la fuente de la señal es un macho hasta que se agarran a él, instante en que el macho empieza a cortejarlas con tenacidad. Si el hambre anima a la hembra a acercarse al macho, predijo Proctor, en la naturaleza las hembras hambrientas deberían ser las más propensas a caer engatusadas por la imitación del alimento por parte del macho y, por tanto, estas hembras deberían ser las que tuvieran más probabilidades de aparearse. Proctor dirigió un ingenioso experimento usando dos grupos de hembras: los ácaros hembra de un grupo llevaban días sin comer, y a los ácaros hembra del otro grupo se les permitió comer hasta hartarse. Entonces se introdujeron machos en cada grupo y se contó la cantidad de apareamientos. Las hembras hambrientas evidenciaron una probabilidad mayor de apareamiento, de acuerdo con lo previsto; el mayor índice de apareamientos en este grupo estuvo completamente vinculado al deseo de comer, lo que significa que estas hembras fueron engatusadas para el sexo.[21] Como se ve, las señales para el cortejo no solo evolucionan para adaptarse a sesgos sensoriales, perceptuales y cognitivos, sino que en ocasiones también explotan respuestas conductuales que no tienen nada que ver con el sexo.

* * *

Cameron Russell, «la modelo renegada», y numerosos animales nos han mostrado que no estamos limitados al aspecto físico con el que nacemos. Igual que no estamos limitados a los cantos que somos capaces de interpretar. Con un poco de ayuda y un poco de imaginación podemos mejorar lo que tenemos; podemos ampliar el fenotipo acústico.

Durante un viaje que realicé con Stan Rand buscamos un pariente cercano de la rana túngara en la Costa de Perú. Esta región del noroeste de Perú, que incluye el desierto de Sechura, parecía un lugar inhóspito tanto para los humanos como para las ranas. Recorrimos kilómetros en coche durante los cuales vimos poca vegetación y nada de agua. Los habitantes prehispánicos de esta región, los chimúes, surgidos de la civilización mochica, vivieron de la agricultura y del mar desde alrededor del año 900 d. de C. hasta el año 1470, cuando la expansión del imperio inca acabó con ellos. Los chimúes tenían gran predilección por la carne de mamífero marino, y algunas de sus pinturas ilustran redes para capturar monstruos marinos.

El resto más espectacular que se ha conservado de los chimúes es Chan Chan, un emplazamiento declarado Patrimonio Cultural de la Humanidad por la UNESCO y que en su tiempo fue la ciudad hecha de adobe más grande del mundo. Stan y yo recorrimos el anfiteatro que esta civilización utilizaba para celebrar sus ceremonias, seguramente tanto religiosas como políticas. Fuera un sacerdote o un político quien hablara, es seguro que quería que lo oyeran. Por supuesto, faltaba mucho para la época del radiocasete portátil, y la amplificación electrónica de sonidos era imposible. Pero sí existía la ciencia de la acústica, y los arquitectos chimúes aplicaron algunos de sus principios básicos para diseñar aquel anfiteatro, cuya forma está pensada para proyectar la voz de quien hablara ante la concurrencia. Cuando el orador se colocaba en un lugar concreto, su voz resonaba, se amplificaba, y sus sabias palabras retumbaban entre la multitud. Nosotros mismos probamos a hacerlo. Stan se situó en el lugar del orador y yo me alejé hasta la zona en la que se congregaba la masa. Stan imitó un canto de la rana túngara, y me llegó con una amplitud y una intensidad inigualables para una rana de verdad. ¡Me faltó poco para ponerme a cuatro patas y llegar dando brincos hasta donde estaba Stan! Los griegos, romanos y otras civilizaciones del hemisferio occidental también dominaban este truco de ingeniería acústica, y la práctica de usar el entorno para potenciar la voz nunca desapareció.

Pasé mi preadolescencia en el Bronx, allá por la década de 1950. Solía cruzarme con grupos de jóvenes que se reunían en los callejones y en los portales de los edificios con el pelo engrasado y peinado hacia atrás imitando el estilo de Elvis; sí, eran los *greasers* («grasientos»). Aunque es cierto que el Bronx no estaba libre de delincuencia en aquellos días, estos tipos no andaban a balazos por las calles, ni tan siquiera emborrachándose por ahí. Se dedicaban a cantar, normalmente con armonía sincopada, canciones de gente como The Everly Brothers, Buddy Holly y The Platters. Buscaban recintos pequeños por los impresionantes efectos sonoros que conseguían en ellos. Nosotros los veíamos y escuchábamos a distancia. Ellos solían ignorarnos y tolerarnos. Nunca habíamos oído un sonido tan rico en nuestros minitransistores fabricados en Japón. Aquellos tipos eran muy buenos amplificando la voz, extendiendo sus fenotipos. Igual que los chimúes, los *greasers* aprovechaban las paredes del entorno para proyectar la voz natural.

Como ya hemos dicho en este capítulo, cuando los pretendientes utilizan el sonido suelen aspirar a que su voz se oiga en un área lo más extensa posible para llegar a la mayor cantidad de electoras. Cuando las electoras oyen los reclamos de más de un pretendiente, suelen preferir las llamadas más potentes. Al igual que los *greasers* en las callejuelas del Bronx y los chimúes en los anfiteatros de Perú, algunos animales han aprendido a potenciar sus llamadas de cortejo con la misma estrategia.

Muchas especies cuentan con rasgos inherentes que amplifican sus llamadas: las ranas y los monos aulladores tienen sacos vocales grandes; las chicharras cuentan con resonadores en las paredes del cuerpo, y las ballenas portan resonadores en la cabeza que, en definitiva, favorecen que sus cantos suenen más intensos y lleguen más lejos. Otros animales transforman el entorno para que se adapte a su voz o modifican la voz para adaptarla al entorno.

La frecuencia y la longitud de onda de los sonidos mantienen una relación negativa entre sí. Los sonidos de alta frecuencia tienen longitudes de onda más cortas, y los sonidos de baja frecuencia tienen longitudes de onda más largas. Si haces sonar un tubo, los sonidos más intensos serán aquellos que tengan una longitud de onda equivalente a la longitud del tubo. En los instrumentos de viento madera, como las flautas, el sonido se produce soplando a través de un pequeño orificio situado en uno de los extremos, lo que hace vibrar la columna de aire que hay dentro de la flauta. La frecuencia de la vibración, que percibimos como tono, está determinada por la longitud de la columna de aire: cuanto más larga es la flauta, más bajo es el tono. Pero las flautas no están limitadas al tono de su longitud. Los músicos pueden ampliar los sonidos de la flauta, su fenotipo acústico, cambiando la longitud efectiva del instrumento con un simple toque de dedo. Al abrir o cerrar los orificios del instrumento, la longitud efectiva varía. Cuando todos los orificios están cerrados, la longitud efectiva es la más larga posible y el tono es el más bajo, mientras que al abrir varios orificios se reduce la longitud efectiva y sube el tono. El ser humano ha aplicado la acústica básica para crear una serie de sonidos agradables que llamamos *música,* y los animales han hecho lo mismo para enriquecer sus propios sones.

Algunos grillos y ranas de Australia usan recintos específicos, al igual que los chimúes o los *greasers*, para dar resonancia a sus llamadas. Emiten sus reclamos desde el interior de oquedades del suelo que, dependiendo de la especie, o bien adaptan para que tengan el tamaño más acorde con la longitud de onda de sus llamadas de apareamiento, o bien aprovechan para situarse a la distancia de la entrada que les ofrece mejor resonancia.

El herpetólogo Jianguo Cui y sus colaboradores han evidenciado que el macho de la rana *Babina daunchina* de China va un paso más allá y usa la interacción entre su canto y el entorno para informar de su capital inmobiliario a las hembras. Lo hace de la siguiente manera: un macho llama desde el interior de un nido que construye para alojar los huevos de la hembra. Los reclamos procedentes del interior del nido tienen más potencia en frecuencias más bajas y notas más largas que las llamadas emitidas desde fuera del nido; el efecto de las llamadas realizadas desde dentro del nido se debe sobre todo al tamaño de la entrada a la cavidad y la profundidad de la madriguera que lleva hasta el nido. Cuando se dio a las hembras la oportunidad de elegir entre la misma llamada emitida desde el interior y desde el exterior del nido, una inmensa mayoría prefirió la llamada más larga y más resonante procedente del interior. Ellas prefieren los machos con mejores «bienes inmobiliarios».[22] Estos vocalistas transforman el entorno para adaptarlo a su canto, pero una rana de Borneo hace justo lo contrario: modifica sus reclamos para adaptarlos al entorno.

La rana *Metaphrynella sundana* vive en los bosques de Borneo, donde emite sus cantos desde agujeros en los árboles. Estas oquedades son de diversos tamaños, y las dimensiones del hueco lleno de aire también varían dependiendo de la cantidad de agua que se haya acumulado en su interior. Las longitudes de onda que mejor resuenan dependen del tamaño de la cavidad hueca. No es mucho lo que puede hacer esta rana para modificar el tamaño del agujero; no puede esculpir el árbol, ni acarrear agua de lluvia hasta él, ni vaciar la que haya. Como la rana debe conformarse con el tamaño que tenga la oquedad del árbol y con la cantidad de agua que haya en su interior, la solución ha consistido en modificar las frecuencias y longitudes de onda de sus cantos para amoldarlas lo mejor posible al tamaño de la cavidad y conseguir así incrementar la amplitud de sus reclamos para llegar a la mayor cantidad posible de hembras. Y, ¿cómo lo sabemos?

En un experimento muy ingenioso, los dos investigadores Björn Lardner y Maklarin bin Lakim colocaron ranas en cavidades artificiales parcialmente llenas de agua. Entonces fueron grabando el canto de las ranas a medida que evacuaban agua poco a poco del falso agujero de árbol. A medida que se retiraba el agua, había más espacio dentro de la oquedad, de modo que las longitudes más resonantes iban siendo cada vez más largas. Mientras ocurría todo esto, las ranas modificaban la longitud de onda de su canto para adecuarla a la resonancia de la cavidad.[23] De modo que, igual que los chimúes y los *grasers* del Bronx, cuando los animales tienen algo importante que decir, usan toda clase de trucos para asegurarse de que todo el mundo los oiga.

Cuando se habla de sonidos animales, solemos pensar en los que se producen mediante la voz. Pero hay muchas otras formas de crear sonidos. Los grillos, cuyo nombre en castellano procede del latín y es claramente onomatopéyico, friccionan la cresta de un ala contra el raspador de la otra para producir su chirrido tan característico de las noches estivales en zonas templadas. Las chicharras usan una estrategia diferente que consiste en hacer vibrar un órgano estridulador llamado *tímbalo* situado en los costados del cuerpo. El pez sapo sacude los músculos sónicos doscientas veces por segundo, el movimiento muscular más veloz registrado en un vertebrado, para hacer vibrar la vejiga natatoria, lo que constituye una buena alternativa si no estás dotado para el canto. En todos estos ejemplos, al igual que en el de nuestra propia voz, el sonido se consigue mediante la vibración de algo. Una vez me encontré con lo que tal vez sea la forma más inmediata de producir sonidos durante una tarde soleada en la reserva El Duque de la Amazonia brasileña. Aunque no había ni una sola nube en el cielo, habría jurado que oía gotas de lluvia cayendo sobre el manto de hojarasca que cubría el suelo del bosque. Me quedé mirando hacia arriba en busca de la lluvia que producía aquel sonido y no vi nada; cuando al fin bajé la mirada, encontré cientos de hormigas correteando por el suelo. Me agaché para verlas mejor y observé que todas ellas estaban aporreando el suelo con la cabeza; eran tantas y golpeaban con tanta fuerza que sonaba igual que la lluvia. Al final, las hormigas se tranquilizaron y el sonido cesó. ¿De qué iba todo aquello? Encontré el nido, inserté un palo en él y empezaron a salir hormigas. El sonido de los golpes de cabeza volvió a inundar el bosque. Creí haber descubierto una verdadera rareza del mundo natural, pero tras una pequeña indagación al llegar a casa supe que, aunque se trataba de un comportamiento singular, es bien conocido en varios tipos de hormigas y termitas. Este sonido cumple la función de avisar al resto del grupo de la cercanía de depredadores o de biólogos de campo que se dedican a incordiar el nido. Hay un montón de maneras de crear sonidos, aparte del uso de la voz, basta con hacer vibrar algo. Como veremos a continuación, los animales provistos de voz pueden llegar a ser muy creativos para complementar los sonidos que salen de su boca.

El colibrí es un animal bastante increíble. Es capaz de batir las alas hasta cuarenta veces por segundo para permanecer prácticamente quieto en el aire mientras introduce delicadamente su pico extralargo en el nectario de una flor. Al igual que las aves canoras y los loros, el colibrí también aprende su canto. Para mí, la característica más impresionante de esta pequeña ave de aspecto tan frágil es su descenso en picado de cortejo. Cuando una hembra se adentra en el territorio de un macho de colibrí de Ana o colibrí de Costa, él planea y canta ante ella mientras hincha el penacho de plumas brillantes del buche. Si la hembra no se espanta, él procede entonces a obsequiarla con algunas acrobacias aéreas espectaculares. Vuela hasta unos treinta metros de altura y luego desciende en picado como un bombardero y se abalanza sobre su objeto de deseo; repetirá esta caída en picado hasta veinte veces. Para asegurarse de que capta la atención de la hembra, enfatiza su descenso con un fuerte zumbido. Durante mucho tiempo se pensó que ese sonido formaba parte del canto, hasta que Chris Clark, por entonces estudiante de posgrado en el Museo de Zoología de Vertebrados de la Universidad de California, en Berkeley, demostró que esos sonidos se deben a la vibración de las plumas de la cola cuando el aire pasa entre ellas. Clark estudió alrededor de una docena de especies, entre ellas los colibrís de Ana y de Costa y sus parientes cercanos, y descubrió que la mayoría de las especies utiliza un cortejo aéreo que siempre incluye zumbidos de la cola. Pero en un subgrupo reducido de estas especies, los machos también añaden sonidos producidos al estilo tradicional: cantados. Los sonidos vocalizados y los zumbidos de la cola se asemejan tanto, que durante mucho tiempo se dio por supuesto que ambos formaban parte del canto de esta ave. Como los zumbidos aparecieron antes que el canto, Clark concluyó que la similitud entre ambos sonidos tiene que deberse a que el canto evolucionó para imitar los zumbidos de la cola.[24] Aunque los colibrís son animales vocales, en este caso la voz hace las veces de segundo violín de la cola. Otras aves tocan literalmente el violín para enfatizar su cortejo.

Los saltarines o manaquines son los mejores burladores del cortejo aviar. A diferencia de las aves canoras y de los colibrís, no tienen la capacidad de aprender cantos, pero todo este grupo experimenta con una variedad de sonidos. Para mi gusto, o más bien para mis oídos, la joya de la corona del cortejo de los saltarines la encarna el manaquín delicioso *(Machaeropterus deliciosus)*. En mis clases enseño a los estudiantes un vídeo de uno de estos pájaros obtenido durante un estudio de Kim Bostwick, del Laboratorio de Ornitología de la Universidad de Cornell, donde se ven primeros planos de un macho de pecho marrón y boina roja en un apostadero. Cuando canta, se inclina hacia delante, despliega con rapidez las oscuras alas con manchas blancas en forma de galón y las mantiene erguidas mientras produce un silbido muy rápido parecido al sonido de un violín. Entonces pido a los alumnos que expliquen qué está pasando, y todos los años obtengo la misma respuesta: el macho canta mientras se inclina hacia adelante y levanta las alas a modo de señal visual para complementar el sonido. A continuación vemos el vídeo a cámara lenta. Los estudiantes más observadores se dan cuenta de que el pico permanece cerrado cuando se produce el pitido; esto es normal en las ranas, pero los humanos y las aves necesitan abrir la boca para vocalizar. Los alumnos más atentos aprecian un movimiento de vaivén muy leve y veloz en las alas desplegadas.

Bostwick reparó en que ese movimiento de alas es el que produce el sonido. Aunque sus poderes de observación ya se acercaban a los de un láser, ella se ayudó de rayos láser auténticos para mostrar que los machos hacen vibrar las alas cien veces por segundo, más del doble de rápido que el colibrí. La morfología de las alas mantiene ciertas similitudes con las propiedades básicas de un violín. Cada ala posee una pluma especializada con una serie de crestas y otra pluma con la punta curvada hacia arriba. Cuando el macho despliega las alas y fricciona una contra otra, la punta de un ala percute las crestas de la otra y… *voilà,* ¡el bosque se llena de sonidos de violín![25] Esto no es más que otro ejemplo de la inmensa creatividad con que el cerebro, la morfología y el comportamiento de los animales conspiran para amoldar sus sonidos al sexo y deleitar los sentidos de sus semejantes. Pero no hay nadie mejor que nosotros fabricando sonidos.

* * *

Mientras concluyo este capítulo me encuentro en Edimburgo, una ciudad Patrimonio de la Humanidad por donde corre más cultura escocesa que las 250 variedades de güisqui por su famoso Albanach Bar. Hace un día fresco y soleado de primavera; la hierba está verde; las flores lucen su colorido, y hay un gaitero con falda escocesa cada pocas manzanas. Mientras espero de pie en una esquina a que cambie el semáforo, los gaiteros me obligan a moverme. El *Sturm und Drang* es inconfundible, el tono, el ritmo, el fraseo, todo en esta música es marcial. Aunque el sonido de la gaita no llegaba a infundirme ganas de pelear ni agresividad, aquella música ejercía un efecto en mí: me obligaba a moverme, cuando no a desfilar como en una marcha.

Los cantos y las llamadas de los animales no son precursores evolutivos de la música humana, pero sí comparten muchas similitudes con ella. Ambos responden a comportamientos esencialmente sociales. Sirven para establecer lazos sociales, para rebajar o iniciar un conflicto y, algo muy importante para nosotros, la música puede ir íntimamente unida al cortejo y al sexo. La eficacia de los cantos animales y de la música humana deriva del hecho de que ambos influyen en el estado afectivo o emocional del elector a través de la estructura del sonido. En esto se diferencia del lenguaje, donde la estructura del sonido suele mantener una relación arbitraria con el significado que se le da; en el cortejo y la música, los detalles del propio sonido son tanto el mensaje como el significado. Como esto es así, es de esperar que encontremos algunas generalidades sobre la manera en que las señales acústicas de cortejo y la música suscitan emociones similares. Y así es.

Con anterioridad he hablado del descubrimiento de Eugene Morton de que las propiedades acústicas del entorno local repercuten en la evolución de la estructura del canto de las aves. Asimismo él propuso una serie de «reglas de motivación y estructura» para predecir cómo los diversos sonidos de algunas aves y mamíferos provocan distintas respuestas emocionales en sus receptores.[26] Hay ocho reglas específicas, pero Morton las resume del siguiente modo: «Aves y mamíferos utilizan sonidos estridentes de frecuencias bastante bajas para transmitir hostilidad, y sonidos de frecuencias más altas y más parecidos a los tonos puros cuando se asustan, cuando se apaciguan o cuando se acercan con una actitud amigable».

Por experiencia propia sabemos que distintos sonidos encajan mejor en diferentes situaciones. Tal vez el ejemplo más claro lo constituya la madresía o el «idioma infantil», un patrón de arrullo pronunciado en alta frecuencia que se usa en todas las culturas para interaccionar con los bebés; no solo las madres hablan así a sus hijos pequeños. Cuando queremos calmar a alguien, ya sea infante o adulto, tendemos a usar sonidos apacibles que son largos y tonales, con tiempos prolongados de inicio y de fin, es decir, cuya amplitud va aumentando poco a poco al comienzo y va decreciendo poco a poco al final para evitar alarmar al receptor: «oooohh». A diferencia de este tipo de discurso tranquilizador, si nos encontramos en medio de una discusión o de una pelea, elevamos la voz y empleamos sonidos cortos, estridentes y con inicios y finales rápidos. Cuando estamos enojados podemos protestar diciendo «jooooodeer» con voz tonal, mientras que al eyacular diremos «¡jo-der!» en un tono tan chirriante como su significado.

Nuestras propias reglas sobre las funciones de las diferentes estructuras del sonido también se aplican a la interacción vocal que mantenemos con los animales. Ya sea para cuidar camellos, pasear al perro o montar un caballo, usamos sonidos cortos, estridentes y chasqueantes para iniciar la marcha, y sonidos más tonales y prolongados para mandar parar al animal. Al hacer esto podría parecer que imponemos nuestras propias reglas de estructura y función a los animales, pero lo cierto es que estamos usando sonidos que concuerdan con las reglas de estructura y función de los propios animales, las cuales resultan ser similares a las nuestras. Patricia McConnell es adiestradora de perros de renombre mundial y autora de obras como *Feisty Fido, The Other End of the Leash*[*] y *The Cautious Canine.* Cuando era estudiante de

---

* Versión en castellano: *Al otro extremo de la correa*, de Patricia B. McConnell; Barcelona: Viena, 2006, trad. de Delia Mateovich. (*N. de la T.*)

posgrado, McConnell ahondó en los sonidos de las órdenes que se utilizan en el adiestramiento. Durante un experimento sometió a inocentes perros domésticos a un entrenamiento para que respondieran en primer lugar a la clase de sonidos que suelen significar «en marcha» y «parada»: cuatro notas cortas con una frecuencia fundamental creciente indicaban en marcha y una nota larga con una frecuencia fundamental descendente indicaba parada. Otro grupo fue entrenado para detenerse al oír las cuatro notas breves y para ponerse en marcha al oír la nota larga. Después se entrenó a cada grupo para que aprendiera la asociación inversa. En un principio ambos grupos aprendieron a asociar las órdenes de ponerse en marcha o de parar con las señales acústicas que les enseñaron. Pero al entrenarlos para que aprendieran las órdenes al contrario, el grupo que pasó de la asociación atípica a la asociación habitual aprendió más rápido que el grupo que se adiestró primero con la asociación habitual y después con la asociación atípica.[27] Este estudio, unido a la teoría de Morton de las reglas estructurales de motivación, sugiere que podría haber cierta generalidad de estructura y función en gran cantidad de especies, incluida la nuestra, porque estas estructuras particulares de sonido interaccionan de maneras parecidas con la neurobiología y la psicología del receptor.

La música se asemeja a las señales de los animales en que es capaz de provocar diversas emociones. He aquí parte de una lista elaborada por los psicólogos suecos Patrik Juslin y Daniel Västfjäll sobre las respuestas que genera la música: *sensaciones subjetivas,* el oyente afirma experimentar emociones mientras oye música; *reacciones fisiológicas,* de manera análoga a las reacciones producidas por otros estímulos «emocionales», la música altera el ritmo cardiaco, la temperatura de la piel, la respuesta electrodérmica, la respiración y la secreción hormonal; *activación cerebral,* las respuestas ante la percepción de la música implican regiones del cerebro que intervienen en las respuestas emocionales; *expresión emocional,* la música hace llorar, sonreír y reír a la gente y la lleva a fruncir el ceño; *tendencia a actuar*, la música influye en la tendencia de la gente a ayudar a otra gente, a consumir ciertos productos o a moverse.[28] Sí, prueba tan solo a oír una gaita mientras esperas a que el semáforo se ponga en verde.

Distintos tipos de música inspiran emociones diferentes, aunque definir qué rasgos despiertan cada emoción puede resultar bastante complicado. Una conexión que goza de un reconocimiento general es que las distintas claves musicales inducen emociones diferentes: las canciones en clave mayor suelen provocar alegría; las que están en clave menor son tristes; y las canciones interpretadas en escala de blues son, bueno, pues un poco *bluff*. Hace varios siglos, Christian Schubart elaboró una descripción detallada de los aspectos emocionales de las distintas claves musicales en su obra *Ideen zu einer Ästhetik der Tonkunst* (o «Ideas sobre una estética de la música»), traducida al inglés por Rita Steblin con el título *A History of Key Characteristics in the 18th and Early 19th Centuries*. Sus descripciones recuerdan a un experto en vinos demasiado complaciente. Estos son algunos ejemplos: «Re mayor, es la tonalidad del triunfo, del aleluya, del grito de guerra, de la alegría por la victoria. Por eso las sinfonías cordiales, las marchas, las canciones festivas y los coros de regocijo celestial se componen en esta tonalidad»; «re menor es la feminidad melancólica que despierta veleidad y confusión»; «fa sostenido menor. Es una tonalidad sombría: tira de la pasión como el perro enojado tira de la vestimenta. El resentimiento y el descontento son su idioma»; «la bemol mayor, la tonalidad de las sepulturas. Muerte, tumba, descomposición, juicio final, eternidad caen dentro de sus dominios». Y, por último, para acercarnos más al tema que nos ocupa: «La mayor. Esta tonalidad incluye declaraciones de amor inocente y satisfacción con su condición; la esperanza del reencuentro tras la separación de la persona amada; la alegría juvenil y la fe en Dios»; «si bemol mayor, amor jovial, conciencia tranquila, esperanza, velar por un mundo mejor».[29] Tal como parece insinuar Schubart, la música puede influir en nuestro ánimo sexual y puede tener unos efectos tan primarios como el arrullo de una tórtola.

En un artículo publicado en la revista especializada *Archives of Sexual Behavior*, David Barlow y sus colaboradores explicaron cómo influye la música en las emociones sexuales humanas. El experimento era muy simple. Le pones a un hombre una música alegre o triste y una película pornográfica, mides su erección y le preguntas si está excitado y en qué grado. El procedimiento tal vez suene un tanto vulgar, pero la música, no. Usaron fragmentos de la *Pequeña serenata nocturna* y el *Divertimento* K. 136 de Mozart para infundir un ánimo positivo, y el *Adagio en sol menor* de Albinoni y el *Adagio para cuerdas* de Barber para infundir un ánimo negativo. No se indican detalles similares sobre los vídeos porno. Los resultados fueron como era de esperar, la tumescencia peneal y la excitación sexual aumentaron cuando se preparó al sujeto con música que induce estados emocionales positivos, a diferencia de lo que sucedió con la música negativa.[30] No es casualidad que el cortejo en la vida cotidiana suela ir acompañado de una banda sonora.

La música también cala hondo en el cerebro y llega a las mismas áreas de recompensa que estimulan el placer y el deseo. Anne Blood y Robert Zatorre, ambos científicos de la Universidad McGill, realizaron una exploración con tomografías por emisión de positrones (o TEP) de sujetos sometidos a la audición de músicas escalofriantes. Cuando el individuo afirmaba sentir «escalofríos» o «estremecimiento», la tomografía revelaba un aumento del flujo sanguíneo hacia varias regiones del sistema de recompensa mesolímbico, lo que indicaba la activación de esas mismas áreas del cerebro, como el cuerpo estriado y el núcleo accumbens, las mismas que se activan en el gorrión coroniblanco y la rana túngara como respuesta a sus cantos de apareamiento, que despiertan en ellos placer y deseo.[31] Dan Levitin, también de la Universidad McGill y autor de la entretenida obra *This Is Your Brain on Music*, y su colaborador Vinod Meno, de la Universidad de Stanford, confirmaron y ampliaron ese descubrimiento fundamental con imágenes por resonancia magnética funcional (IRMf), que ofrecen mayor resolución que las tomografías.[32] Como señalamos en el capítulo tres, estas áreas de recompensa también se explotan con placeres adictivos, como ciertos alimentos, sexo, drogas o juegos de azar. Ahora vemos que existe una relación entre la tríada de la selección natural, la dopamina y la «música» (que incluye el cortejo acústico), lo que se corresponde con aquel mantra de la década de 1960 que decía «sexo, droga y rocanrol».

Ahora que lo hemos visto y oído todo, o que al menos hemos visto y oído mucho sobre cómo interacciona lo que vemos y oímos con el sexo, pasaremos a analizar el sistema sensorial tal vez más primario de todos los que tenemos para empezar a desentrañar el aroma del sexo.

6
La fragancia aduladora

El olfato es un poderoso hechicero que te transporta a miles de kilómetros y a cualquier año de tu vida pasada.

HELEN KELLER

Tenemos la capacidad de ver, oír y oler. Estos tres sistemas sensoriales transportan los estímulos procedentes del mundo circundante hasta el cerebro, donde se funde y coteja toda la información que envían, aunque a alguna se le preste más atención que a otra, para que nos formemos nuestros propios perceptos del mundo y para ayudarnos a decidir cómo interaccionar con él. Todas estas modalidades sensoriales son canales importantes para acceder al cerebro sexual, y diferentes animales suelen depender más de una de ellas que de las otras para identificar parejas potenciales y para obtener alguna información sobre ellas: especie, género, salud y disposición para el apareamiento. Algunos animales, incluidos nosotros, emplean todas estas modalidades para captar la belleza sexual de sus parejas. Las sensaciones y la información obtenidas a través de cada sentido son distintas, pero a menudo complementarias. Veamos un ejemplo, ajeno al ámbito sexual, sobre cómo difieren estos sentidos y cómo se complementan entre sí.

Hace tiempo que no llueve, como es habitual en Texas. Atravesamos una sequía que comenzó hace seis años y aún persiste. El Lago Travis es un embalse que está a un tercio de su capacidad y es la principal fuente de agua para abastecer la ciudad de Austin, en continua expansión; los embarcaderos del lugar llevan años sin sentir el abrazo del agua. Pero a veces salgo a la terraza y al instante percibo que el alivio viene de camino, aunque no esté lloviendo; el olor a lluvia impregna el aire. Todos hemos sentido esa embriagadora fragancia, pero probablemente apenas hemos reflexionado sobre su origen. El olor a lluvia se denomina *petricor*, un término que procede de los vocablos griegos *pétra*, que significa «piedra», e *icór*, que, según la mitología griega, es la sangre etérea que corre por las venas de los dioses. El petricor se forma cuando los aceites atrapados en el suelo y la piedra se tornan volátiles al exponerse a la humedad del aire debida a las precipitaciones de lluvia. No soy el único que se entusiasma con el olor del petricor; durante aquella misma sequía también el ganado se mostró inquieto al percibirlo.

El olor me avisa de que puede llover, pero ¿dónde está esa posible lluvia? El sentido del olfato ayuda poco en este caso, pero de repente veo que cae un rayo en la lejanía por el suroeste. Ahora no solo sé que lloverá, sino que también conozco desde dónde viene la tormenta. Dos sentidos y dos tipos diferentes de información sobre el mismo fenómeno. Pero, ¿a qué distancia está? ¿Debo apresurarme para ponerme a cubierto o puedo relajarme un rato aún? Como señalamos en el capítulo cuatro, a veces no es trivial calcular la distancia a la que se encuentra un objeto. Pero cinco segundos después de ver el rayo, oigo el trueno. Ambos son casi simultáneos en el lugar de la tormenta. Cuando se produce la descarga eléctrica, el aire circundante alcanza temperaturas superiores a las del Sol, lo que lo comprime con rapidez y crea el primer restallido del trueno. Después, el aire vuelve a expandirse despacio, lo que da lugar a los estruendos subsiguientes. La luz viaja tan deprisa, a unos 300.000 kilómetros por segundo, que podemos considerarla instantánea cuando la vemos dentro de nuestro planeta. (Fuera del planeta ya es otra historia. La luz del Sol tarda ocho minutos en llegar hasta nosotros, pero sigue siendo una velocidad elevada para cubrir un viaje de 150 millones de kilómetros.) Sin embargo, el sonido viaja más despacio, a 330 metros por segundo. Como pasaron cinco segundos desde que vi el rayo hasta que oí el trueno, puedo estimar que la tormenta se encuentra a 1.650 metros de distancia, alrededor de un kilómetro y medio. Por resumir esta experiencia simple, olí que se avecinaba lluvia, vi el lugar del que provenía y oí a qué distancia estaba. ¿Quién necesita un radar Doppler?

Estas tres modalidades sensoriales tienen tanto puntos fuertes como puntos débiles cuando sirven para comunicar, incluida la comunicación sexual. Las señales visuales se producen cuando la luz del Sol se refleja hacia un receptor, pero, si no hay luz, no hay señal visual, así que solo funcionan bien durante el día. La comunicación visual es rápida y da información muy precisa sobre la localización de la fuente. Si ves a alguien de pie en una esquina, nunca dirías «creo que está por algún lugar en esa dirección». Si ves a esa persona, sabes exactamente dónde está, porque ver implica tener una línea de visión directa (si esa persona desaparece entre la multitud, dejas de saber dónde está o, al menos, la pierdes de vista). En la comunicación acústica el emisor produce su propia energía, tal como se dijo en el capítulo anterior, haciendo vibrar alguna parte del cuerpo. A diferencia de la comunicación visual, no está limitada a la luz del día, ni requiere una línea de visión directa. Si la persona que buscas se pierde entre la multitud, puede dar un grito o un silbido rápido para que sepas por dónde anda, aunque no sea con tanta precisión como si pudieras verla. Tanto las señales visuales como las acústicas son efímeras, ahora las ves o las oyes, pero, después de producirse las señales, dejas de percibirlas.

La comunicación olfativa comparte menos similitudes con las otras dos modalidades. Los olores tienen algo que hace que parezcan más primarios que el color de pelo de alguien o el timbre de su voz. Consideremos este diálogo entre los dos personajes de la película *Esencia de mujer*, donde Frank, un hombre de mediana edad ciego, interpretado por Al Pacino, se muestra claramente encandilado por la azafata del avión en el que viaja y le dice a su joven acompañante:

> *Frank*: ¿Dónde está Daphne? Será mejor que vuelva.
> *Charlie*: Está en la parte trasera.
> *Frank*: El chochito está en el culo. ¡Ja! ¡Oooh, todavía la huelo! Mujeres, ¿qué puede uno decir? ¿Quién las hizo? Dios debió de ser un jodido genio. El pelo... dicen que el pelo lo es todo. ¿Alguna vez has enterrado la nariz en un monte de rizos y has querido dormirte para siempre?

* * *

La comunicación olfativa solo se produce cuando las moléculas que conforman el olor penetran en las células receptoras olfativas del sujeto que las capta. En algunos casos el recorrido es corto y directo, como cuando los perros se huelen el trasero entre ellos. En otros casos, los olores se depositan sobre un objeto, como cuando los perros orinan en un árbol o en una boca de incendios y el siguiente que pase por allí entra en contacto con el olor estancado. En muchos casos, sin embargo, las moléculas odoríferas viajan por el entorno, transportadas por el viento, hasta que un receptor distante se topa con ellas por casualidad. Esto es lo que sucede cuando una perra libera feromonas para comunicar que está en «celo», y parece que todos los perros de la vecindad reciben el mensaje de que está reproductivamente activa y lista para aparearse, basta con oírlos aullar a todos. Como el desplazamiento de las moléculas a través de la atmósfera puede ser muy accidentado, en cualquier dirección menos en línea recta, la información direccional del rastro odorífero no es muy exacta. La única manera de localizar la fuente de un olor consiste en seguir su gradiente de concentración, la cual por lo general, aunque no siempre, aumenta cuanto más cerca estás de la fuente. Si quieres comunicar tu ubicación, es mejor indicarla haciendo un gesto con la mano o lanzando un silbido que por el olor corporal. Si alguien se pee en medio de una multitud, será el sonido más que el olor el que revele quién ha sido. La gente en medio de la masa sabrá de qué dirección general proviene el olor, pero no quién es exactamente la persona responsable mientras todos intercambian miradas acusadoras.

Para dejar una huella duradera, los olores son lo mejor. Cuando un perro enseña los dientes y gruñe a un intruso del vecindario está defendiendo su territorio con efectividad, pero en cuanto se marche esas señales de defensa se habrán ido con él. Sin embargo, un poco de orina supondrá un gran avance o, al menos, será más duradero y servirá de recordatorio constante a cualquier intruso que penetre en ese territorio bajo su responsabilidad.

Los olores son importantes para diversas funciones, pero, al igual que con la vista y el oído, solo existe un canal para transportar toda esa información hasta el cerebro. La captación del olor es un poco más simple que la captación de la luz o el sonido, porque la molécula que es la señal enlaza directamente con el receptor olfativo. Estas células receptoras olfativas se encuentran en la nariz de todos los vertebrados, en el órgano vomeronasal de algunos vertebrados y en las antenas y patas de muchos insectos. Algunos de esos receptores olfativos son tan sensibles que pueden detectar unas cuantas moléculas odoríferas que hayan recorrido kilómetros desde la fuente emisora. Los receptores olfativos de las antenas de la mariposa del gusano de seda, que se cuentan entre los mejores detectores de olor del planeta, captan el 80 % de las moléculas odoríferas que pululan por el aire, y el enlace de una sola molécula odorífera con un solo receptor basta para desencadenar la búsqueda de pareja por parte del macho. Es una sensibilidad imposible de superar.

Debemos detenernos a hablar un poco de terminología específica. Hasta ahora he utilizado los términos *olores* y *feromonas* como si fueran intercambiables, pero no son lo mismo. Todo lo que nos da información es una pista, como el olor corporal del amigo que se perdió entre la multitud. Si ese olor evoluciona específicamente para comunicar algo, se convierte en una señal. Una feromona es una señal olorosa; evolucionó para informar. Recuerdo que una vez me dieron un panfleto en Telegraph Avenue de Berkeley, una de las patrias de la contracultura, hace muchos años cuando realizaba mi investigación posdoctoral. Era una diatriba contra el capitalismo y la gente grosera titulado «La flatulencia como arma social». Dejando a un lado la dialéctica, confundía completamente los olores con las feromonas.

La otra cuestión terminológica se centra en el órgano vomeronasal, localizado en el paladar de muchos anfibios, reptiles y mamíferos. Y no se encuentra por ninguna parte en peces, aves, cocodrilos, monos del viejo mundo, mamíferos marinos y algunos murciélagos. Los olores pueden llegar a este órgano a través del paladar y a veces por la nariz. La lengua bífida de la serpiente no evolucionó para mentir a Eva sobre la manzana del Jardín del Edén, sino para atrapar moléculas de olor del aire e introducirlas después en el órgano vomeronasal. En gran cantidad de comunicaciones con feromonas interviene el órgano vomeronasal de los animales que cuentan con él. Algunos estudiosos han defendido que la ausencia aparente de un órgano vomeronasal en el ser humano (aunque aún no es seguro que sea así) indica que no tenemos feromonas. Pero este razonamiento es erróneo, porque no hay nada que restrinja los mensajes olorosos únicamente al órgano vomeronasal, ya que de ser así los peces no tendrían feromonas, cuando se ha demostrado que sí las tienen. No entraremos a discutir si es el órgano vomeronasal o la nariz lo que contribuye a conectar los olores externos con el cerebro sexual.

Dondequiera que haya receptores olfativos se unirán a diferentes moléculas olorosas que asociarán a distintas fuentes, como lluvia, sexo o comida. En los mamíferos estos receptores están inmersos en la membrana mucosa del interior de la nariz. Oler el aire arrastra más moléculas hacia la nariz e incrementa las posibilidades de captar algo del entorno. Los mamíferos provistos de órgano vomeronasal agilizan la capacidad para captar olores con una reacción de Flehmen, como cuando un caballo levanta el labio superior y enseña los dientes. No es una manera exagerada de sorberse la nariz. El caballo cierra los orificios nasales cuando tiene una respuesta de Flehmen, lo que obliga al aire a pasar por la boca y canaliza los olores hacia el órgano vomeronasal. Es sorprendente que aún no se sepa si los humanos contamos con un órgano vomeronasal funcional.

Los receptores olfativos suelen ser neuronas, y dondequiera que haya alguno, ya sea en la punta de las patas o en la nariz, siempre reaccionará de la misma manera ante los olores. Cuando un olor se une a un receptor desencadena una serie de cambios bioquímicos en la célula que acaban activando la neurona. En los mamíferos estas descargas neuronales se suceden hasta llegar al bulbo olfativo situado en el cerebro. El bulbo olfativo las envía, a su vez, hacia muchas otras partes del cerebro implicadas en diferentes funciones, entre ellas la del sexo. El olfato es el único sentido que mantiene una conexión directa con partes del cerebro relacionadas con la memoria, las emociones y los placeres del «gusto» y el «deseo» regidos por el sistema de recompensa mesolímbico del que hablamos en el capítulo tres. El resto de los sentidos, incluidos la vista y el oído, pasa a través de estaciones repetidoras inferiores del cerebro para someterse a un procesamiento adicional antes de acabar proyectadas hacia los centros de placer. Los olores no pierden el tiempo y van directos al objetivo. Esta conexión directa entre el olfato y las emociones es otra de las características que hacen que este sentido parezca tan primario.

El olfato actúa de manera similar en los insectos, y tal vez el caso mejor estudiado sea el de las polillas. Sus receptores olfativos se extienden en forma de red desde las antenas. Hay dos olores que excitan a los machos de polilla: las feromonas de las hembras y el aroma de las flores de las que se alimentan. Las antenas contienen multitud de receptores que captan estos dos tipos de olores. Cuando un receptor se estimula con un olor, esta estimulación se propaga hasta una parte del cerebro de la polilla llamada *lóbulo antenal.* En el interior del lóbulo antenal las polillas albergan grupos de células denominadas *glomérulos.* Cada glomérulo aislado actúa como un «cerebro sexual» o como un «cerebro de alimentación», y se estimula con distintos olores. Las células receptoras olfativas que conectan con las feromonas sexuales acaban en el complejo macroglomerular, donde se encuentra el código neuronal para reconocer la especie y el género. Por otro lado, las células receptoras olfativas que detectan olores florales se saltan este complejo de células y acaban en una región denominada *lóbulo antenal principal,* que es el «cerebro de alimentación» de las polillas.

A veces el sexo y el alimento dependen el uno del otro. Las moscas de la fruta realizan el cortejo sobre restos de fruta podrida porque es ahí donde depositan sus huevos. Los receptores olfativos que detectan olores de comida los proyectan de manera obvia hacia el cerebro de alimentación de las moscas. Pero un conjunto de receptores de olores de comida donde se expresan genes críticos para el cortejo del macho (el gen *fruitless*) mantiene una conexión directa con el cerebro sexual.[1] Si estos receptores no se estimulan con olores de comida, entonces el macho no corteja. La interpretación que se le ha dado a esto es que el cortejo del macho no tendrá éxito en última instancia si la hembra no cuenta con un lugar donde depositar los huevos. No es que el macho esté siendo cortés, está siendo estratégico.

Ahora que conocemos algunos de los detalles de este poderoso sentido, ya podemos hacernos una idea de su trascendencia para la vida sexual de tantos animales tan distintos.

* * *

Como he señalado muchas veces, las decisiones más críticas en la búsqueda de una pareja son las relacionadas con la elección de la especie correcta y de una pareja disponible y apta. Las pistas olfativas suelen ser lo mejor para averiguar eso, probablemente porque los olores están íntimamente relacionados con lo que somos y lo que sentimos. La conexión entre genes y olores seguramente es más corta y más directa que esa misma conexión con otras señales. Los genes no crean rasgos de manera directa; en realidad no existen genes «para el» comportamiento. Lo que sucede es que el ADN crea el ARN, y el ARN produce proteínas o regula la actuación de otros genes. Esto se complica especialmente cuando planteamos interrogantes ingenuos como si existen «genes para el canto de los pájaros», por ejemplo. Hay muchos aspectos fisiológicos, morfológicos y conductuales que deben coordinarse para que resulte un canto. Los genes deben proporcionar el modelo para la construcción de neuronas que generan el ritmo específico del canto; los genes deben gobernar el desarrollo de los cartílagos, músculos y huesos siguiendo un procedimiento muy concreto que culmine en la laringe del pájaro, y los genes deben transformar entonces de algún modo las redes neuronales que conectan todas esas partes para conseguir que funcionen coordinadas y produzcan esos bellos conciertos característicos de tantas aves canoras. La codificación de genes para fabricar una molécula olfativa específica es más directa. Los genes orquestan rutas bioquímicas que sintetizan cadenas de compuestos, y esos compuestos constituyen las señales de por sí. Bastante simple.

Sin embargo, no todos los olores provienen de los genes. Los olores del entorno funcionan a veces como huellas dactilares olfativas que dicen mucho de nosotros. El olor de alguien que ha pasado la noche bebiendo y fumando en un bar arroja una huella inconfundible de su comportamiento. Otros animales también usan los olores para rastrear dónde han estado los individuos. Las colmenas están custodiadas por ciertas abejas cuyo trabajo consiste en admitir tan solo a miembros de la colonia.

Si se selecciona una abeja de la misma colmena que la abeja guardiana, se la impregna del olor de otra colmena y después se reintroduce en su colmena de procedencia, la abeja guardiana reaccionará como si la abeja adulterada oliera a humo y alcohol o, aún peor, como si fuera una forastera de otra colmena.[2] Sin embargo, la reacción de la abeja guardiana ante el mensaje olfativo infractor será algo más extrema que la nuestra ante el hedor de un borracho: la abeja guardiana matará a la mensajera debido al mensaje olfativo que ahora porta. Cuando se trata de encontrar pareja, uno de los mensajes cruciales de este tipo de olores adquiridos del entorno es: si hueles como yo, tienes que ser como yo. Esto funciona bien cuando buscas a alguien de tu misma especie o, como veremos enseguida, no funciona demasiado bien cuando buscas a alguien con genes diferentes.

Los olores también revelan a veces con quién hemos estado, y las consecuencias, en tal caso, también pueden ser graves. Muchas relaciones han descarrilado porque un hombre ha vuelto a casa con su pareja oliendo a otra mujer. Como comentaré más adelante, la mayoría de las mujeres que usan perfume tiene una fragancia particular que considera «exclusiva suya», así que cuando un macho mujeriego vuelve a casa, no importan los detalles de la fragancia ajena, lo único que importa es el mensaje de que es ajena. Pero el olor de esa fragancia podría desenmascarar a un diablo de la infidelidad. Glendale.com, un portal de citas en Internet que organiza escarceos amorosos, informó de los diez perfumes más utilizados por las mujeres y los hombres infieles. Si el marido vuelve a casa no solo oliendo a una fragancia ajena, sino en concreto con aroma a Shalimar, de Guerlain, Coco Mademoiselle, de Chanel, o Very Irresistible, de Givenchy, tal vez sea el momento de hacer terapia matrimonial.

Los animales no visitan terapeutas en busca de consejo, van a lo que van. La hembra de la salamandra de lomo rojo *(Plethodon cinereus)* es poco tolerante a las parejas infieles. Estos pequeños anfibios abundan bajo las rocas, troncos y musgos de los bosques del noreste de América del Norte. Son animales perfectos para realizar experimentos relacionados con comportamientos o ecología, puesto que viven perfectamente en pequeños terrarios. Investigadores de la Universidad del Suroeste de Louisiana documentaron las consecuencias de que un macho de salamandra se descarriara. Mantuvieron a parejas de salamandra en terrarios diferentes emulando lo que nosotros veríamos como un descanso conyugal. Pero entonces los estudiosos intervinieron y sembraron dudas sobre la fidelidad del macho en su pareja. Colocaron al macho en otro terrario durante un breve espacio de tiempo antes de volverlo a llevar con su pareja. Si lo hubieran instalado en un terrario vacío, su vuelta a casa habría transcurrido sin incidentes, pero como había visitado el terrario de otra hembra, se armó una buena. Aunque la hembra era de su mismo tamaño, lo enterró hasta la mitad del cuerpo con las mandíbulas y luego lo golpeó varias veces contra el suelo.[3] Lección aprendida, aunque en este caso era el investigador, y no su pareja, quien merecía la cólera de la hembra.

El entorno añade algunas frases interesantes al mensaje de las fragancias sexuales al informar a los receptores sobre dónde y con quién ha estado un individuo. Otros olores más influidos por los genes proporcionan distintos tipos de información. Moscas de la fruta, peces, serpientes y mamíferos se basan en señales olfativas codificadas en los genes para identificar especies, pero las polillas se llevan la palma cuando se trata de usar fragancias para el sexo. En estos animales, el papel típico de pretendientes y electores está invertido en ambos géneros; las hembras avisan de sus deseos mediante olores, y los machos aprovechan esos olores para encontrar sus parejas. Las hembras emiten feromonas volátiles que pululan por el aire y llegan a recorrer varios kilómetros arrastradas por el viento. Cuando el macho detecta esas feromonas, sigue el gradiente del olor en contra del viento hasta localizar la hembra solícita. Las feromonas no solo lo guían, también centran su interés en el sexo durante la búsqueda (tal vez en exceso). Cuando los aromas sexuales estimulan los lóbulos antenales del macho, él deja de tener en cuenta los sonidos de los murciélagos depredadores que podrían localizarlo.

Hay muchas especies distintas de polillas emitiendo en las ondas olfativas aéreas, de manera análoga al montón de emisoras de radio que copan el ancho de banda disponible en las ondas de radio. Del mismo modo que las distintas y numerosas señales de FM y AM mantienen las emisoras de radio separadas en el dial, existe una abundancia de olores que podría utilizarse para evitar errores en la identificación de las especies. Aunque las polillas disponen de más de 100.000 feromonas volátiles distintas posibles, no basta para que haya un compuesto único para cada una de las 160.000 especies de polillas del mundo. Pero las polillas no asignan un olor único a cada especie. Por ejemplo, 140 especies de polillas y el elefante comparten el mismo atrayente sexual primario en su reconocimiento de feromonas.[4] Sin embargo, no se producen confusiones porque las distintas especies de polillas, como un número cada vez mayor de bodegas de todo el mundo, recurren a mezclas, variaciones en cuanto a la proporción de diferentes olores ofrecen otro eje de diferenciación para identificar especies concretas. (Por supuesto, existen otros factores que evitan que una polilla macho copule con un elefante que tienen más que ver con el aplastamiento que con las mezclas.)

La mayoría de las polillas selecciona dos olores para su fragancia sexual y enfatiza más uno de ellos, lo que da como resultado una mezcla con un componente olfativo mayor y otro menor. A veces el componente más acusado para una especie es el menos intenso para otra. Cuando las polillas desarrollan nuevas señales, suelen hacerlo modificando la proporción, más que añadiendo o eliminando un componente individual. Y esas polillas parecen tener la libertad de introducir modificaciones en sus mezclas con la misma facilidad con que un vinatero altera las proporciones de Malbec o Cabernet Sauvignon.

La oruga de la col *(Trichoplusia ni)* es una plaga muy conocida en agricultura. Como gusano causa estragos no solo en los repollos, sino también en la brécol, la coliflor, las acelgas, la col rizada, la mostaza, el rábano, el colinabo, el nabo y el berro. Como hay mucha gente que desearía ver aniquilada esta polilla, se ha investigado mucho acerca de cómo sobrevive y cómo se reproduce. Su feromona sexual es una mezcla de dos partes en una proporción de 100:1.[5] La polilla porta células olfativas en las antenas que están afinadas con cada uno de esos componentes y en su misma proporción de 100:1. De modo que, cuando el macho percibe la fragancia de la hembra con cien partes de A y una parte de B, las neuronas que codifican A y B en su cerebro sexual (el complejo macroglomerular que mencionamos antes) se activan en esa misma proporción. Así es como el cerebro codifica el reconocimiento de la pareja, y ahí es donde radica su estética sexual en cuanto a fragancias del sexo. Pero lo que es atractivo para una especie es anatema para otra. Como las 160.000 especies de polillas evolucionaron a partir de un ancestro común, y como cada especie posee tanto una señal sexual única como un código neuronal único para reconocerla, tiene que haberse producido una gran evolución tanto en las señales como en los receptores. ¿Cómo evolucionan esas señales y la estética que da lugar a ellas?

La evolución suele ser un proceso lento y meticuloso que no presenciamos directamente, sino que deducimos a partir de patrones en la naturaleza: los animales con una piel gruesa viven en climas fríos, la longitud de la lengua de un murciélago es la justa para libar las flores que poliniza, y las bacterias ya no están amenazadas por los antibióticos que se han usado durante mucho tiempo de manera continua. Damos por supuesto que todas estas relaciones son adaptaciones resultantes de la evolución, aunque no fuéramos testigos de cómo se produjo esa evolución. Sin embargo, hay veces en que la suerte nos sonríe y la evolución se produce ante nuestros propios ojos.

En una cepa de laboratorio de orugas de la col la evolución de la señal de reconocimiento y su código neuronal correspondiente en una especie nueva ocurrió ante las mismísimas narices de los investigadores. Un buen día, de repente, algunas hembras mutantes empezaron a mezclar su combinación de feromonas con proporciones iguales de los dos componentes olfativos: 50:50 (A:B) en lugar de 100:1. En un principio estas hembras no despertaron gran interés sexual en los machos, pero también de repente algunos machos evolucionaron para desarrollar una nueva preferencia que tornó bastante atractiva la mezcla mutante.[6]

¿Qué cambió en los machos para que aquellas hembras que normalmente habrían olido raro empezaran a tener un aroma sexi? La hipótesis lógica es que el código de reconocimiento en el cerebro de los machos mutantes cambió de 100:1 a 50:50. Pero, como vimos antes, la solución lógica no siempre es la solución biológica, y este vuelve a ser uno de esos casos. El código cerebral de esos machos siguió siendo el mismo: las neuronas que se activan cuando A y B aparecen en una proporción de 100:1 seguían marcando como deseable a una pareja aunque emitiera la misma proporción de las fragancias A y B. ¿Cómo ocurre esto? En este caso, la acción evolutiva se produjo en los receptores; la sensibilidad de los receptores hacia el componente B cambió, de manera que la ganancia de estos receptores se redujo en un factor cien. Ahora se necesitaban cien unidades del olor B para suscitar en el cerebro sexual olfativo la misma respuesta que antes provocaba una sola unidad. El código cerebral para reconocer la feromona mutante seguía siendo de 100:1, aunque ambos componentes de las mutantes tuvieran la misma proporción en el aire y en los receptores. Tanto en los machos mutantes como en los normales era el mismo patrón de activación el que definía la belleza sexual, a pesar de ser activado por proporciones de estímulos muy diferentes. Aunque las hembras normales y las mutantes olían muy distinto, se mostraban igual de bellas para sus iguales.

* * *

Lo contrario de la especiación es la hibridación. Aunque los apareamientos entre especies distintas no suelen producir descendencias viables, puede ocurrir que sí, y, cuando sucede, surgen individuos que no pertenecen ni a la especie de la madre ni a la especie del padre, sino que son una mezcla de ambas. La hibridación puede darse si se burla el mundo sensorial de un animal. Con anterioridad he mencionado al ictiólogo Gil Rosenthal porque fue una de las personas que me acompañaron durante la exploración de los bosques de quelpo de California. Yo introduje a Gil en las maravillas naturales de los peces cola de espada del noreste de México cuando iniciaba sus estudios como alumno mío de posgrado. Poco después, Gil me enseñó a mí dos especies fabulosas de peces cola de espada de las montañas de Hidalgo, en México. Un día de san Patricio* imponente en el que las frondosas colinas de Hidalgo tenían cierto aire a Eire (aunque sin arcoíris), varios de nosotros realizamos una caminata de media jornada por las montañas hasta llegar a un valle espectacular que servía de residencia a dos especies de peces cola de espada, *Xiphophorus birchmanni* y *X. birchmanni.*[7] En aquel lugar, ambas especies obedecían el mandamiento social que recuerda al triste estribillo de la canción de Janis Ian titulada «Society's Child» que instaba a la gente a juntarse con sus iguales.[8] Sabían que eran de especies diferentes, y actuaban en consecuencia.

Pero no era así en todas partes. Más tarde, cuando Gil ya ejercía como profesor universitario, trabajó con su alumna de posgrado Heidi Fisher en un emplazamiento de un río más largo donde estas dos especies de peces cola de espada aparecen juntas. También allí ambas especies habían respetado como suele ocurrir la etiqueta biológica de no aparearse con heteroespecíficos. Pero un día Gil y Heidi encontraron indicios de que había cundido la relajación sexual: había híbridos salvajes. *X. malinche* y *X. birchmanni* actuaban como si no importara, o al menos como si no pudieran

* El día de san Patricio, fiesta tradicional en toda Irlanda, se celebra cada año el día 17 de marzo. (*N. de la T.*)

reconocer, con quién se apareaban.[9] Los investigadores supusieron que esta indiscriminación sexual podía tener algo que ver con una planta procesadora de naranjas instalada recientemente río arriba, cuyos vertidos estaban contaminando el lugar y provocando eutrofización. Realizaron experimentos con estos peces y comprobaron que las hembras no eran capaces de discriminar entre su propia especie y otra distinta cuando las sometían a pruebas en las aguas de aquel río. Sin embargo, cuando se realizaron pruebas con las mimas hembras en aguas limpias, estas recuperaron la norma biológica habitual y prefirieron los machos de su propia especie. Gil y Heidi repararon en que un subproducto de la eutrofización es el ácido húmico, y este ácido se acopla a los receptores olfativos. ¿Y si el ácido húmico estaba bloqueando la capacidad de las hembras de pez cola de espada para discriminar parejas? Realizaron pruebas con las hembras en aguas limpias y, una vez más, manifestaron una preferencia por los machos de su misma especie, pero cuando añadieron ácido húmico al agua, la capacidad de discriminación de las hembras desapareció. Cuando cesó el efecto del ácido húmico, las hembras volvieron a sesgar sus encuentros sexuales hacia los machos de su misma especie. Todo esto tiene sentido. Es imposible captar la belleza visual en la oscuridad, un canto melodioso enmascarado por los ruidos de la ciudad, o las fragancias sexuales si tienes la nariz ocupada con otras cosas. No puedes desear lo que no percibes.

Los olores dan mucha más información a los electores sobre el pretendiente, aparte de a qué especie pertenece. Estoy seguro de que todos estamos hartos de oír a estas alturas que hay una fuerte selección en los electores para aparearse con pretendientes de su misma especie porque sus genes son complementarios. A pesar del caso que acabamos de comentar de los peces cola de espada, la combinación de genes de especies diferentes no siempre funciona bien para tener descendencia. Así que una de las primeras prioridades para elegir pareja consiste en encontrar a alguien con unos genes análogos. Sin embargo, dentro de cada especie no todos los genes son iguales. Yo tengo los ojos azules. Si tú los tienes marrones, tus genes para el color de los ojos difieren de los míos (cuando hablamos de «genes» diferentes solemos referirnos a distintos alelos o «variantes genéticas» del mismo gen). Yo soy de ascendencia irlandesa. Si tú eres de Oriente Próximo, tendremos algunas diferencias genéticas, y ambos seremos distintos de la gente de Asia, que porta en su genoma alrededor de un 20 % más de genes procedentes de nuestros ancestros neandertales.[10] Pero ningún gen cambia tanto como los genes del complejo mayor de histocompatibilidad (o CMH).

El complejo mayor de histocompatibilidad (CMH) es un grupo de genes que sirve para la respuesta inmunológica. Identifican células procedentes de formas ajenas, como patógenos y parásitos, y, cuando las detectan, avisan al cuerpo para que envíe células T a luchar contra la invasión. Los genes del CMH tienen que ser variables para distinguir con precisión entre amigos celulares y una diversidad inmensa de enemigos, donde los «amigos» son nuestras propias células. Esta es la razón por la que los genes del CMH son los más variables en todos los vertebrados. Gracias a toda esta variación, los individuos pueden elegir parejas que produzcan una descendencia mejor provista que cada uno de sus progenitores para luchar contra las enfermedades, es decir, siempre que los electores se apareen con pretendientes que tengan genes del CMH muy distintos de los suyos propios. Pero, ¿cómo saben los vertebrados si sus parejas satisfacen este criterio de los genes del CMH?

La genómica permite escanear los genes del CMH de una pareja potencial y cotejarlos con los nuestros para ver quién es el mejor partido para nosotros, al menos en lo que se refiere a genes del CMH. Auguro que no pasará mucho tiempo antes de que algún servicio de contactos de lujo pida escaneos genómicos, y la primera correspondencia que usarán será la de los genes del CMH. Pero, ¿qué haría un animal, o una persona sin recursos para pagarse una exploración genómica, o más probablemente una *explotación* genómica muy lucrativa? ¿Aceptamos sin más que el CMH es uno de los atributos inherentes a una posible pareja que solo se puede conocer cuando ya es demasiado tarde, como cuando se tiene un carácter inestable o un problema con la bebida? ¿Debemos esperar a que nuestros hijos manifiesten un sistema inmunitario débil para saber que hicimos una mala elección de pareja? No. Resulta que ya estamos teniendo muy en cuenta los genes del CMH de nuestras posibles parejas; lo que pasa es que no somos conscientes de ello.

Los genes no se ven, pero repercuten en el fenotipo. El color de ojos nos da una idea bastante exacta de los genes subyacentes implicados. En otros casos, el fenotipo no es un indicador muy fiable de genes, porque son muchos los genes, no uno solo, que pueden afectar al fenotipo, y el entorno también tiene un peso considerable en el aspecto exterior de un individuo. Por ejemplo, los genes influyen en la masa corporal del ser humano, pero también lo hacen la cerveza, los helados y el sedentarismo. Las apariencias engañan, sobre todo en el eugenismo.

Sin embargo, sí existe una ventana fenotípica que revela con bastante claridad los genes del CMH: el olor de los animales. Esta conexión entre los olores y los genes se ha estudiado sobre todo en roedores, porque los olores de la orina de los ratones mantienen una correlación con la variación del CMH. Entre las especies estudiadas, los roedores con genes del CMH similares presentan olores similares, mientras que los roedores con genes del CMH distintos, huelen distinto. Esto sienta las bases para un nuevo criterio de belleza que no consiste en los genes del CMH de por sí, sino en los olores que producen. Esta estética sexual es relativa. Los detalles más finos de los genes del CMH de un pretendiente no son importantes, basta con saber si son distintos de los del elector. Pero la elección de pareja basada en el CMH solo se da en animales que usan el olor como un criterio relevante para ese fin.

¿Y nosotros? Nosotros tenemos cierta sensibilidad hacia los olores, y todos sabemos lo importantes que son las fragancias durante el cortejo. Regalamos flores para conquistar a alguien no solo porque sean bonitas, sino también por su aroma. La industria de la perfumería, a la que volveremos más adelante, gana miles de millones de dólares embotellando esencias para enriquecer nuestro olor personal. Además, buena parte de nuestras actitudes y reacciones fisiológicas puede verse influida por los olores. Un estudio clásico realizado por Martha McClintock reveló que el periodo menstrual de las universitarias que compartían habitación en una residencia de estudiantes tendían a sincronizarse al cabo de un tiempo.[11] El único signo lógico era el olor, y McClintock identificó más tarde ese olor en cuestión: fue la primera feromona humana descubierta por la ciencia.

Todos sabemos que nuestro comportamiento puede verse influido por signos de los que no somos conscientes. En un importante estudio sobre la relevancia de los olores en el sexo, Geoffrey Miller, autor de la obra *The Mating Mind*, informó de que los hombres que asisten a clubes de *strippers* daban propinas más generosas por un baile erótico cuando la bailarina estaba ovulando.[12] Aunque en este estudio había muchas variables fuera de control, como la propia actuación de la bailarina, Miller defendía que los olores de la bailarina aumentaban la generosidad de sus clientes. Aunque no se ha comprobado de manera experimental, esta conclusión no parece tan descabellada a la vista del estudio de McClintock sobre la correlación entre los olores y el ciclo menstrual. Sin embargo, el experimento de la «camiseta apestosa» sirve ahora como punto de referencia para ilustrar la relación general entre el olor y el sexo en los humanos y, en concreto, para evidenciar que los olores del CMH son un criterio relevante para nuestra estética sexual, aunque ni siquiera seamos conscientes de ello.

Veamos cómo funciona el experimento que dirigieron Claus Wedekind y sus colaboradores. Los participantes, varios universitarios varones, como ocurre en muchos experimentos con humanos, se ofrecen voluntarios para ponerse una camiseta durante dos noches consecutivas. A lo largo de ese espacio de tiempo, no pueden bañarse ni utilizar fragancias de ninguna clase, como perfumes, colonias o desodorantes. Después de este calvario, depositan la camiseta en una bolsa de plástico y la traen al laboratorio, donde una serie de mujeres olerá las camisetas y valorará el atractivo de los efluvios que desprendan. Además, los hombres y mujeres pasan una prueba previa para determinar su tipo de CMH, y las mujeres detallan si están usando anticonceptivos orales.[13]

El olor de los hombres con un tipo de CMH diferente al suyo resultó más atractivo a las mujeres que los olores de hombres con genes de CMH más semejantes a los propios. Asimismo, tal como se había pronosticado a partir de estudios con animales, el atractivo de los olores no fue absoluto (unos tipos huelen peor que otros), pero sí dependió del contexto; el atractivo del olor estuvo supeditado al tipo particular de CMH de la mujer que lo valorara. Aquel fue un experimento ingenioso con participantes sucios, pero con resultados limpios: los perceptos de belleza de las mujeres, como ocurre con los roedores, los peces espinosos y una miríada de animales más que usan el olfato para el sexo, están influidos por olores basados en el CMH. (Es importante señalar, no obstante, que en algunos estudios se han obtenido estos mismos resultados, mientras que en otros no.)[14] El descubrimiento de las preferencias por olores basados en el CMH en humanos encaja bien con otros estudios que indican que el sentido del olfato de la mujer se agudiza cuando está sexualmente receptiva, cuando tiene en mente el apareamiento, y también que las mujeres consideran el olor de los hombres como el criterio más importante para elegir compañero sexual, mientras que los hombres atribuyen una importancia primordial al aspecto físico de la mujer.

Hay un ligero inconveniente en el experimento de la camiseta apestosa. El patrón esperado de preferencias de olor solo se dio con mujeres que no estaban tomando anticonceptivos orales. Si la mujer estaba tomando la píldora, su preferencia se invertía; los olores más sexis eran los de los hombres con genes del CMH más parecidos, no menos, a los de ella. ¿Qué pasa con los anticonceptivos orales? ¿Por qué una pastilla que altera los ciclos de las hormonas reproductivas iba a influir en qué tiene un olor sexual agradable?

Volvamos a la teoría básica que hay detrás de la elección de pareja basada en el CMH. El pronóstico es que si un elector es capaz de valorar los genes del CMH, entonces debería preferir una pareja con genes de CMH diferentes a los suyos para producir una descendencia más sana. Como ya hemos señalado, lo que hace tan variable al CMH es su importancia para el funcionamiento del sistema inmunitario, y su variabilidad genética también es un buen indicador de lo muy emparentados que estamos los unos con los otros. Muchos animales usan la variación del CHM como signo de herencia familiar en contextos distintos al del apareamiento, normalmente cuando buscan ayuda o cuando quieren compartir bienes comunes. Los renacuajos de rana, por ejemplo, se congregan para reducir el riesgo de depredación formando una especie de «rebaño egoísta»: cuantos más renacuajos haya juntos, menor será la probabilidad de que seas tú el que acabe devorado por el pez hambriento.[15] Pero este beneficio no lo comparten de forma indiscriminada, ya que prefieren formar rebaño con hermanos antes que con no hermanos. Una buena inhalación de olores basados en el CMH les permite saber si el que tienen al lado es hermano o no.

¿Será que las mujeres que toman la píldora están más interesadas en el parentesco que en el apareamiento? La pastilla anticonceptiva funciona manipulando las hormonas reproductivas de la mujer para simular un embarazo. Durante el embarazo la mujer no ovula, así que, si todo va bien, las mujeres que toman la píldora no se quedan embarazadas. Wedekind y sus colaboradores supusieron que una mujer que toma la píldora no tiene en mente aparearse o, al menos, no tiene la reproducción como objetivo subconsciente, así que no le interesan los signos olorosos que indican un buen partido en términos de CMH. Vale, suena bien, pero entonces, ¿por qué estas mujeres prefieren lo contrario, los olores de hombres con genes de CMH más parecidos a los de ellas? Como el contexto hormonal de estas mujeres parece indicar que están embarazadas, se activa una estrategia postembarazo: identificar a quienes pueden ayudar con el cuidado de un bebé, y ya sabemos que para eso hace falta un pueblo entero, en este caso, un rebaño no egoísta. ¿Y quién mejor para ayudar a criar un hijo que los parientes más cercanos? En algunas de las sociedades con mayor movilidad de hoy en día no siempre tenemos parientes cerca para ayudarnos con la vida familiar. Pero los estudiosos señalan con acierto que la biología actual, ya sea morfológica, conductual o de estética sexual, tiene una dilatada historia evolutiva y a veces está más adaptada a las condiciones que imperaban en el pasado que a las actuales.

Cabe la posibilidad de que esta interacción entre los olores preferidos en la pareja y los anticonceptivos orales tenga unas consecuencias desafortunadas e imprevistas, tal como señalaron los investigadores Fritz Vollrath y Manfred Milinski.[16] Imagina que una pareja empieza a salir y que la mujer está tomando la píldora. Se enamoran, se casan, son felices, y toda esta dicha marital los anima a tener un hijo. La mujer deja de tomar anticonceptivos y ahora ¡el hombre con el que duerme huele como su tío! Tal vez no exactamente igual, pero ahora percibe un olor de hombre cuyo CMH es más similar al de ella que distinto y, por tanto, le resulta menos atractivo. No sabemos si esta situación se ha dado alguna vez en el mundo real, pero es una posibilidad que quizá quieran tener en cuenta las parejas más nuevas.

* * *

El Parque Nacional del Darién, declarado Patrimonio de la Humanidad por la UNESCO, está lejos de las concurridas calles y los gaiteros de ese otro lugar Patrimonio de la Humanidad del que hablé antes: Edimburgo. Aquí las estridentes llamadas del guacamayo rojo y verde reemplazan las rítmicas pulsaciones de los gaiteros, y no hay luces rojas que manden parar ni luces verdes para proseguir la marcha. El Darién es una franja de selva de doce mil kilómetros cuadrados situada al sur de Panamá, a lo largo de la frontera con Colombia. A veces se dice que es infranqueable, y esta es una de las razones por las que constituye la única barrera que interrumpe la carretera Panamericana de 48.000 kilómetros que discurre desde Alaska hasta Argentina. También es el lugar donde desembarcó Vasco Núñez de Balboa en la vertiente atlántica del istmo de Panamá, y desde donde marchó hacia la otra vertiente para «descubrir» el océano Pacífico.

Puede que el Tapón del Darién resulte bastante infranqueable a algunos, pero los indígenas emberá llevan ahí desde finales del siglo XVIII, cuando desplazaron a la etnia nativa guna hacia las tierras vecinas y las islas de San Blas. Aún sigue siendo complicado atravesar el Darién; los botes, caballos y pies son los medios de transporte más eficaces. Pero no hay nada infranqueable en este bosque para el hongo quítrido que aniquiló tantas ranas en las montañas del oeste de Panamá y que, según hemos descubierto, ha llegado recientemente al Darién.[17]

El Darién es una de las regiones más importantes para la biodiversidad del hemisferio occidental del mundo, cuando no del mundo entero. Un grupo de organismos que prolifera aquí es el de las orquídeas. Con sus largas hojas simples y verdes parasitan los árboles y suelen encontrarse altas en el dosel forestal. Una manera de ver muchas de ellas consiste en toparse con árboles caídos que hayan dejado el dosel arbóreo a ras de suelo. Esto ocurre más a menudo de lo que crees. A mí siempre me ha sorprendido la cantidad de árboles que se desploman en los trópicos sin más, a menudo por culpa del viento o de las tormentas. Probablemente se deba a que el suelo es muy húmedo y poco compacto aquí, lo que también explica por qué hay tantos árboles con inmensos apuntalamientos para evitar el desplome. Los árboles caídos son cruciales para la ecología de los bosques porque crean huecos en el dosel forestal que permiten que luzca el sol en una superficie que normalmente permanece en penumbra. El suelo del bosque es un almacén de gran cantidad de semillas defecadas por los pájaros y otros animales que las propagan, y muchas semillas no germinarán hasta que tengan suficiente luz. Si retiras las cortinas del dosel forestal y dejas pasar algo de claridad, empezarán a brotar varias especies de árboles. Las rendijas de luz son uno de los favorecedores más importantes de la diversidad vegetal del bosque.

Los claros en el bosque también son lugares excelentes para encontrar especies propias del dosel arbóreo, ya sean ranas arborícolas e insectos u orquídeas parásitas y bromeliáceas. Recorrimos a pie un claro de la selva que se abrió después de que un inmenso espavé se precipitara contra el suelo. Este coloso de la selva pertenece a la familia de las *Anacardiaceae* y llega a alcanzar hasta cincuenta metros de altura. Cuando este se desplomó, tumbó consigo numerosos árboles de menor tamaño, muchos de ellos repletos de orquídeas.

En el capítulo tres comenté que las orquídeas abeja explotan el apetito sexual de los zánganos de las abejas de las orquídeas para que las ayuden con la polinización.[18] Las orquídeas consiguen esta hazaña porque han desarrollado partes florales que recuerdan a la silueta y la fragancia de las abejas hembra. Al menos hay un caso en el que el aroma de la orquídea resulta incluso más atractivo a los zánganos que el aroma de una hembra virgen. Para conseguir embaucarlos, estas plantas han evolucionado para convertirse en la perfumería preferida de las abejas. Pero algunas abejas han cambiado las tornas con las orquídeas explotando los perfumes de la planta en su propio beneficio. Para ello mezclan los fragantes olores de la orquídea con algunas gotas de sus propios lípidos y crean una esencia oleaginosa parecida al enflorado utilizado en la industria de la perfumería. Así que las abejas liban los perfumes de la planta y los almacenan en sacos del cuerpo para usarlos más tarde durante el cortejo. Con esta rocambolesca red natural, los machos de las abejas han transformado sus fenotipos para volverlos más atractivos para las hembras explotando olores de orquídeas que habían sido transformados, a su vez, para resultar atractivos a las abejas con la finalidad de que estas ayudaran a las orquídeas a tener más sexo vegetal.

¿Qué sucede si un macho de abeja depende de la perfumería de las orquídeas para sus fragancias de cortejo y las orquídeas desaparecen? Esta situación se ha dado con algunos individuos de una abeja de las orquídeas nativa de América Central: la *Euglossa viridissima.* Algunas de estas abejas se trasladaron a Florida, donde proliferaron a pesar de que allí sus perfumerías de orquídeas no estaban por ningún lado. Pero las abejas no pueden apañarse sin este recurso. A falta de orquídeas, recolectaron fragancias de más de una docena de flores con componentes que les permitieron reconstruir los aromas de su antigua perfumería de orquídeas. De hecho, en su empeño por recrear los perfumes perdidos, las abejas recurrieron incluso a la creatividad y añadieron un poco de albahaca para realzar su aroma. Como vemos, los humanos no somos la única especie que recurre a fuentes externas para enriquecer sus aromas sexuales.

* * *

El mayor logro de ingeniería a lo largo de la historia de la belleza sexual humana es el perfume, y su importancia para los idilios humanos es legendaria. Algunas fragancias parecen ir directas al cerebro sexual, donde despiertan de inmediato el gusto y el deseo. ¿Qué hace que las esencias que creamos enriquezcan los olores propios? ¿Y si preguntamos a los mismísimos artífices de estos aromas? Luca Turin, el protagonista de la obra de Chandler Burr titulada *The Emperor of Scent,* da algunas pistas interesantes y esclarecedoras sobre la industria del perfume.[19] Los pingües beneficios de este negocio de 5.000 millones de dólares instan a pensar que los perfumes se basan en una teoría bien elaborada. Todo lo contrario, sostiene Turin. Esta industria está poblada por expertos en química orgánica que saben qué perfumes han tenido éxito, y siguen una estrategia más bien aleatoria de ensayo y error para fundir los distintos componentes. Los resultados se someten entonces a la valoración de un comité de «narices», y la mayoría de ellos se descarta. Este método es costoso y poco eficaz, puesto que solo un pequeño porcentaje de fragancias llega a salir al mercado.

Turin defiende que si la industria del perfume conociera mejor la biología del sentido del olfato, podría aplicar un poco de ingeniería inversa para mejorar su tasa de éxito. El problema, según él, es que no sabemos cómo funciona el olfato (o tal vez que él es una de las poquísimas personas que sí lo sabe). Turin afirma que no es un mecanismo que se pueda cerrar y bloquear, en el que la estructura del olor «case a la perfección» con el receptor, sino que el olfato se basa en patrones vibratorios de las propias moléculas cuya detección se parece más al procesamiento de un sonido. De momento la teoría de Turin no tiene mucho respaldo, pero, quién sabe, quizá tenga razón.

Con independencia de cómo sintamos los perfumes, la teoría siempre ha sostenido que los usamos para enmascarar olores desagradables con otros agradables. Pero no es cierto, sostiene Manfred Milinski, director del Instituto Max Planck de Biología Evolutiva. Milinski realizó un trabajo innovador en relación con el complejo mayor de histocompatibilidad (CMH) y la elección de pareja en los peces espinosos, así que lleva algún tiempo observando la relación entre los olores y la atracción sexual.[20] Y también ha centrado su interés en humanos.[21] Él señala que algunos perfumes recuerdan a algunos olores corporales, y también sostiene que el origen de los perfumes se basa en la explotación de los sesgos olfativos que acentúan nuestros olores basados en el CMH. Puesto que cada vez descubrimos más cosas sobre el potencial de los olores basados en el CMH, la idea de Milinksi sobre los orígenes del perfume tiene todo el sentido. Parece lógico, pero ¿es biológico? Y, ¿cómo podemos comprobarlo?

La aproximación más directa consistiría en definir los olores preferidos por nuestro CMH y comparar el perfil químico de esos olores con el perfil químico de los perfumes que preferimos. La investigación de los olores preferidos por el CMH aún no ha llegado ahí, y, en cualquier caso, la lista de los compuestos orgánicos que conforman un olor no revela cuál de ellos predomina. Milinski y Claus Wedekind, famoso por la camiseta apestosa, siguieron un planteamiento distinto.

Durante un estudio realizado con cientos de hombres y de mujeres con su tipo de CMH identificado, los participantes recibieron 36 compuestos diferentes que suelen utilizarse para fabricar perfumes. Debían escoger el olor que prefirieran ponerse ellos mismos y el que prefirieran para su pareja. Aunque no sabemos cómo huelen los olores vinculados a nuestro CMH, es de suponer que la gente con los mismos genes CMH tienen los mismos olores CMH. Así que los investigadores contaban con que la gente con el mismo CMH elegiría los mismos olores en los perfumes. Y así fue.[22]

Y, ¿qué hay de las fragancias preferidas para la pareja? ¿Cómo te gustaría que oliera? Una de las predicciones es que no queremos que nuestras parejas huelan como nosotros: da igual a qué huela siempre que sea un olor distinto al nuestro. Recuerda que, hasta donde sabemos, las preferencias basadas en el CMH dan prioridad a los genes y olores distintos de los nuestros, pero sin especificar de qué manera deben ser diferentes. Las preferencias de los participantes en el estudio en el olor deseado en sus parejas coincidió con la predicción: querían que sus parejas tuvieran olores distintos a los propios, pero no hubo consenso entre la gente con los mismos genes CMH en cuanto a qué olor les gustaba en sus parejas, a pesar de la coincidencia que mostraron en cuanto al olor que les gustaba para sí mismos.

* * *

Con esto concluimos el análisis de los tres sistemas sensoriales con más peso en nuestra estética sexual: la vista, el oído y el olfato. Tanto nosotros como el resto de animales usamos más sentidos para el sexo, como el tacto o señales eléctricas, por ejemplo. Pero estos tres sentidos fundamentales son los que más contribuyen a conformar nuestra estética sexual, y su biología nos ayuda a comprender por qué unos individuos nos resultan bellos y otros no. Sin embargo, la estética sexual no actúa en el vacío. En el próximo capítulo veremos que el entorno social puede ejercer efectos sorprendentes e irracionales en nuestra valoración de quién es una belleza.

Un macho de rana túngara canta en un punto de reproducción en el centro de Panamá. El gran saco vocal del macho es tan llamativo como su complejo canto.

Fotografía de Ryan Taylor

Pareja de rana túngara construyendo un nido. El macho permanece encima de la hembra mientras se aferra a ella; están en amplexo. El nido mullido se forma cuando el macho agita con las patas traseras la gelatina que envuelve los huevos. Está visiblemente exhausto después de una hora de ardua construcción del nido.

Fotografía de Ryan Taylor

Un murciélago ranero (o murciélago de labios con flecos) con una rana túngara. Este murciélago es capaz de localizar una rana concentrándose en su canto; el murciélago no necesita recurrir al sistema de ecolocalización para detectar a la rana. La rana túngara es su presa preferida en la región central de Panamá.

Fotografía de Merlin Tuttle
MerlinTuttle.org

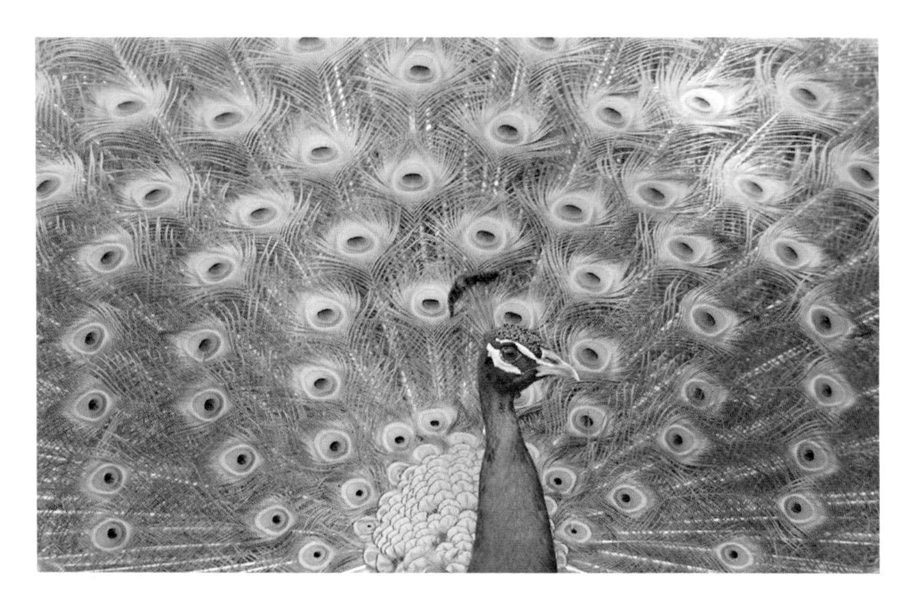

Un pavo real macho con las plumas de la cola desplegadas mientras corteja a una hembra. Aunque la cola es irresistible para las hembras, Darwin declaró que esta bella estructura lo ponía enfermo cada vez que la veía.

Fotografía de Jyshah Jysha
https://margotstaubin.wordpress.com/2014/10/20/pride-and-peacocks

El tamarino león de cabeza dorada es una especie amenazada. Habita en las zonas bajas de los bosques tropicales del estado de Bahía de Brasil. Vive en grupos sociales donde tanto machos como hembras cuidan de los recién nacidos y de los jóvenes. Poco más se conoce sobre su sistema de apareamiento. Hay quien lo considera el primate más bello del mundo.

Fotografía de Steve Wilson
http://flickr.com/photos/26811962@N05/9221310569. Reproducido bajo licencia de Creative Commons Attribution 2.0 Generic

La selección natural produce a menudo diferencias extremas entre machos y hembras. En muchas especies el macho es más vistoso que la hembra, tal como se aprecia aquí en el lagarto de collar: el macho, mucho más colorido (página izquierda), contrasta con los tonos menos vivos de la hembra (sobre estas líneas).

Fotografías de A. K. Lappin

Imagen de cómo ve una hembra de pergolero grande al macho cuando se exhibe en su alcoba.

Imagen de John Endler

Luciérnagas macho y hembra ofrecen un grandioso espectáculo visual nocturno. Al igual que en muchos otros rituales de cortejo, cada especie tiene un patrón de centelleo particular. Esta imagen es una secuencia de fotografías de luciérnagas sincronizadas en el Parque Nacional de las Great Smoky Mountains, cerca de Elkmont, Tennessee.

Fotografía de Radim Schreiber

El quetzal es el ave nacional de Guatemala y su imagen adorna la bandera del país. Algunas personas consideran el macho de quetzal mesoamericano como el ave más bella del mundo. A mí me temblaron los prismáticos entre las manos la primera vez que vi uno.

Fotografía de Dominic Sherony
Quetzal mesoamericano (*Pharomachrus mocinno*), fotografiado en Savegre, Costa Rica, el 15 de abril de 2011. Subido a la red por Magnus Manske bajo licencia de Creative Commons Attribution-Share Alike 2.0 Generic.

Un macho de polilla *Creatonotus gangis* despliega sus pinceles retráctiles. Los tubos, o coremata, se inflan con la presión sanguínea lo que induce la secreción de feromonas sexuales a través de los pelillos.

Fotografía de Rodney y Smudge Foster Rentz

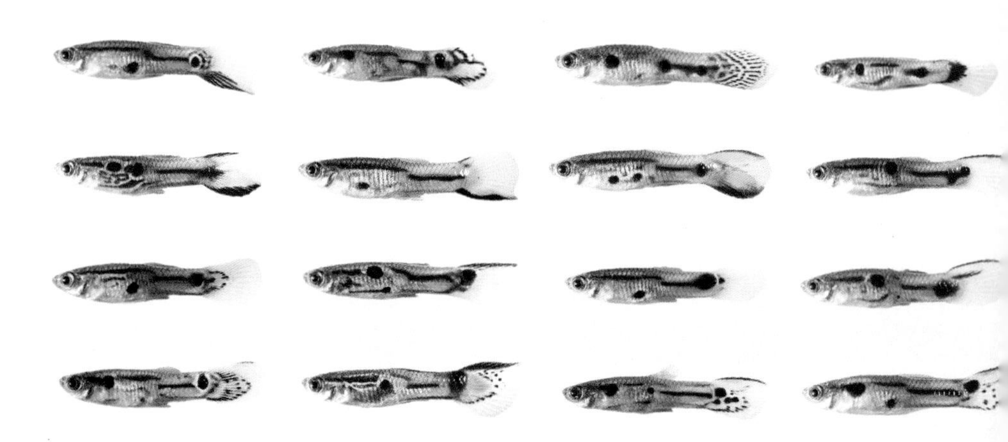

Los guppis son conocidos no solo por su espectacular colorido, sino también por la increíble variedad de ese colorido (como ocurre en especial con los guppis de los ríos de Trinidad). Aquí se ofrece solo una pequeña muestra de la sorprendente diversidad que existe.

Fotografía de Cara Gibson y Anne Houde

Abeja de las orquídeas pseudocopulando con una flor. Aunque este comportamiento parece maladaptativo, cobra todo el sentido dentro del contexto de la estrategia de estos euglosinos para encontrar pareja. Como hay pocas hembras y están muy dispersas, al macho le interesa copular con cualquier cosa que se parezca a una hembra.

Fotografía de Nicolas J. Vereecken

Un grillo (izquierda) y la mosca Ormia que parasita a este grillo. Del mismo modo que el muciélago ranero se siente atraído por el canto de apareamiento de las ranas, estas moscas se sienten atraídas por la llamada de apareamiento del grillo. La mosca deposita sus larvas sobre el grillo cantor, y las larvas se introducen en su interior para comérselo de dentro afuera a medida que se desarrollan.

Fotografía de Norman Lee

7
Preferencias variables

Variable y caprichosa siempre es la mujer.

VIRGILIO

En los capítulos anteriores hemos visto cómo pueden influir los sesgos del cerebro en la estética sexual. Algunos de esos sesgos han surgido porque guían al elector hasta una pareja mejor: de la especie adecuada, del sexo opuesto, sin enfermedades, con genes complementarios y con más recursos. En otros casos, los sesgos para la belleza existen por razones ajenas a la elección de una pareja, y los pretendientes desarrollan rasgos que explotan esos sesgos: apéndices que parecen comida, llamadas que suenan como depredadores y colores de cortejo que estimulan una vista diseñada para encontrar presas. En todos estos casos cabría esperar que los sesgos para la belleza fueran estables (la hembra del pavo real no debería percibir menos vistosa la cola del macho porque sea lunes por la mañana).

Sin embargo, las preferencias variables son habituales y hasta puede que sean la regla más que la excepción. Desde tiempos inmemoriales hemos oído a los hombres lamentarse de lo mismo que Virgilio. Aunque se ha considerado una crítica, lo único que indica es que las mujeres a veces cambian de opinión cuando valoran el atractivo de un hombre. Pero no solo las mujeres y no solo los humanos tenemos opiniones cambiantes sobre la belleza, y hay muy buenas razones para ser caprichosos. En este capítulo analizaremos esas razones y nos plantearemos por qué los perceptos de belleza cambian sobre la marcha, y no solo a lo largo del tiempo evolutivo.

* * *

El reloj nunca se detiene y sabemos que el tiempo vuela. Pero solemos olvidar el poder que ejerce el tiempo sobre nuestra manera de percibir el mundo y sobre las decisiones que tomamos en relación con lo que percibimos. Nuestra idea de la belleza sexual es especialmente susceptible al paso del tiempo y, si tenemos alguna sospecha de que el tiempo nos manipula, solemos negarlo. Cuando se trata de la belleza nos gusta pensar que nos guiamos por un patrón personal muy estable. Pero nuestros estándares pueden cambiar con los años, aunque no lo hagan tanto en cuestión de meses, semanas o minutos. Pero sí que cambian, y a veces incluso en un abrir y cerrar de ojos.

No hay mejor compendio de verdades sobre las dificultades y tribulaciones para encontrar una pareja sexual que la música *country* occidental. Una de sus estrellas, Mickey Gilley, da una interpretación inteligente sobre lo variables que son nuestros perceptos de la belleza sexual en su canción «Don't the Girls All Get Prettier at Closin' Time».[1] Esta canción toca la fibra sensible de muchos hombres porque revela lo caprichosos que somos, el escaso control que tenemos sobre ello, y lo propensos que somos a negarlo. La historia es la siguiente: el señor Gilley habla de un hombre que va a un bar en busca de compañía femenina. Cuando sopesa sus opciones al principio de la noche, ninguna de las clientes del bar está a la altura de sus expectativas. La situación no mejora a medida que se acerca la hora de cerrar el bar, así que ahora este vaquero solitario se ve ante la perspectiva real de pasar otra noche a solas. ¿Qué hace?

El señor solitario podría resolver el problema bajando el listón de sus expectativas; de todos modos, seguramente eran poco realistas, lo que tal vez explique por qué está solo. La canción insinúa que eso es justo lo que hace, pero a costa de pagar un precio. Cuando despierta por la mañana se encuentra ante el conflicto de que ha violado su principio sexual de no conformarse con poco: «Si tuviera que valorarlas en una escala de uno a diez, / busco un nueve, aunque un ocho también iría bien. / Unas copas más y podría irme a dormir con un cinco o incluso un cuatro, / pero cuando llegue la mañana y me despierte con un uno / juraré que nunca más me rebajo». Muy mal, señor solitario, porque otra solución habría sido mantener el objetivo de apuntar hacia mujeres con notas altas, pero modificando su percepción de la belleza, de forma que cayeran más mujeres dentro de las categorías ocho y nueve. Con ello se habría ahorrado el sentimiento de culpa y el bochorno por haberse saltado sus principios.

La canción de Gilley es divertida. Pero es más que una mera canción; las impresiones que transmite han motivado alguna ciencia de verdad. «A pesar de los intentos de la psicología para seguir el ritmo de las hipótesis de algunos letristas de canciones, la investigación sobre la percepción del atractivo físico se ha quedado muy rezagada», según escribieron Jamie Pennebaker y sus colaboradores en 1979.[2] Y ellos remediaron esta situación con un estudio sobre cómo cambia la percepción de la belleza a medida que se acerca la hora de cerrar de los bares.

Estos investigadores visitaron varios locales de Virginia. A lo largo de la misma noche pidieron a los clientes en tres ocasiones distintas que valoraran el atractivo del resto de los usuarios tanto de su mismo sexo como del sexo contrario de acuerdo con una escala del uno al diez. Los resultados fueron sorprendentes. La valoración que hicieron hombres y mujeres del resto de clientes de su mismo género tendía a bajar un poco a medida que avanzaba la noche, mientras que su valoración de los clientes del sexo contrario se disparaba según se acercaba la hora del cierre. Este estudio, al que dieron el nombre del título de la canción de Gilley, corroboró la hipótesis del cantante de que, en efecto, las chicas son más guapas, o al menos lo parecen, a la hora de cerrar, y los chicos, también. Una de las interpretaciones que dio Pennebaker de estos resultados se basaba en la teoría psicológica de la disonancia, o, tal como lo expresaron los autores del estudio, «si se obligara a los sujetos a irse a casa con una persona del sexo opuesto, les chocaría tener que elegir una pareja sin ningún atractivo. La manera más eficaz de reducir esa disonancia consistiría en incrementar la percepción del atractivo de las posibles alternativas». Esto viene a ser lo mismo que si un profesor falsea al alza las notas bajas de un examen y después se convence de que está haciendo una labor docente fabulosa.

El estudio de Pennebaker se repitió en el otro lado del mundo en 2010 para tener en cuenta una variable que no se controló en el estudio original: el alcohol. Un mantra de este libro es que la belleza está en el ojo del que mira, pero también sabemos que a veces la belleza está en el ojo del que «pimpla». Este estudio más reciente se llevó a cabo en Australia, donde la cerveza es la reina. Los procedimientos aplicados fueron similares a los del estudio de Virginia, y también los resultados: la percepción del atractivo de los miembros del sexo opuesto se incrementaba a medida que avanzaba la noche. Pero los investigadores del estudio australiano también midieron la concentración de alcohol en sangre de quienes juzgaban la belleza de sus iguales. Había un efecto de «vista cervecera»: la gente parecía más atractiva cuanto más alcohol llevara encima la persona que emitiera la valoración. Sin embargo, la tendencia se mantenía cuando se controlaban los niveles de concentración de alcohol, y el efecto de la hora de cierre seguía influyendo en los perceptos de la belleza.[3] Por tanto, todos los esfuerzos de la naturaleza y de la educación destinados a modelar nuestra estética sexual pueden irse al garete a medida que avance el reloj en un bar.

Pero los relojes no están solo en los bares. Todos los animales tienen su propio reloj biológico, y uno especialmente difícil de aceptar es el reloj de la edad. En su obra titulada *Deceit and Self-Deception,*[*] el famoso teórico sobre evolución social Robert Trivers se mofa de las mentiras que se dice a sí mismo sobre su propia belleza sexual, las cuales dependen de este reloj. Trivers cuenta que va charlando con una joven atractiva mientras caminan por la calle. Mira a un lado y repara en que los sigue un hombre mayor, decrépito, canoso, que camina encorvado y cojea. Trivers acelera el paso, mira por encima del hombro, y el acosador aún sigue ahí. Trivers descubre entonces que el acosador es él mismo: había estado viendo su propio reflejo en los escaparates de las tiendas.[4] La compañía de una mujer joven y atractiva le había hecho pensar y creer que él mismo era más joven, hasta el punto de que por unos instantes ni siquiera se reconoció a sí mismo.

El avance del reloj biológico en las mujeres es mucho más patente que en los hombres. Las mujeres tienen dos relojes biológicos simultáneos que están ligados a la reproducción y que influyen en el cuidado que dedican a su belleza y en la regulación del deseo sexual, lo cual no es nada raro. El primero de estos relojes controla el ciclo reproductivo. En el capítulo cinco ya dijimos que estos ciclos de hormonas reproductivas en el gorrión coroniblanco repercute tanto en el gusto como en el deseo sexuales. Lo mismo le sucede a las mujeres cada mes. Como ocurre con todos los vertebrados, el periodo del ciclo reproductivo en el que los óvulos maduran y están listos para ser fertilizados es limitado. En capítulos anteriores puse varios ejemplos de realce de la belleza tanto en humanos como en otros animales. Si tener un aspecto atrac-

* Versión en castellano: *La insensatez de los necios. La lógica del engaño y el autoengaño en la vida humana,* de Robert Trivers; Móstoles: Katz, 2013; trad. de Santiago Foz. (*N. de la T.*)

tivo ayuda a conseguir pareja, y si la función del apareamiento es fertilizar los óvulos, entonces cabría pronosticar que las mujeres prestarán más atención a su aspecto físico cuando estén ovulando. Esta es la predicción que formularon la experta en psicología evolutiva Martie Haselton y sus colaboradores.

El planteamiento que siguieron para comprobar su hipótesis de «ornamentación por fertilidad» fue sencillo. Fotografiaron a mujeres tanto durante el periodo fértil como durante el periodo no fértil de su ciclo menstrual. Los investigadores mostraron entonces esas fotografías a un jurado que debía valorar en cuál de las dos fotografías de la misma mujer parecía mostrarse más atractiva. Se produjo un efecto significativo en la dirección esperada. En general, durante el periodo fértil, las mujeres parecían «vestirse más a la moda, irradiar más simpatía y enseñar más carne» que cuando esas mismas mujeres atravesaban su periodo no fértil.[5] La ornamentación por fertilidad no se limita a detalles visuales; durante otro estudio Haselton reveló que las mujeres también usan un tono de voz más agudo y más femenino cuando están en la fase fértil del ciclo.[6] Por último, las mujeres no se limitan a hacerse cosas a sí mismas, sino que también actúan de otro modo con las demás cuando están fértiles: son más críticas con el atractivo de otras féminas y menos propensas a compartir recompensas monetarias con ellas. Tal como señalaron Haselton y su equipo, todos estos resultados podrían explicar estudios previos que revelan que los hombres son más posesivos con sus parejas durante el periodo fértil (en el mundo animal esto se denomina *vigilancia de pareja*). Pero también podría deberse a que este es el momento en el que el hombre tiene más que perder, con independencia de si las mujeres van anunciando o no su fertilidad.

El segundo reloj biológico es el de la vejez y avanza inexorable hacia la hora del cierre final para todos. En términos de potencial reproductivo, su avance es más apremiante para las mujeres a medida que se acercan a la menopausia. El esperma del hombre puede seguir siendo viable, aunque él pierda el deseo, a lo largo de buena parte de su vida, aunque ahora se sabe que las mutaciones genéticas del esperma aumentan con la edad y la capacidad del varón para fertilizar óvulos se va reduciendo.[7] Sin embargo, a partir de los veinte años la fertilidad de la mujer desciende con la edad hasta que alcanza la menopausia, que es cuando la reproducción deja de ser una opción para ella. Pero las mujeres no afrontan sumisas esta presión. Según Judith Easton y sus colaboradores, «las mujeres han desarrollado una *adaptación psicológica que acelera la reproducción* diseñada para aprovechar la fertilidad que les queda».[8] ¿Y en qué consistirá esta adaptación de nombre tan elaborado? Pues en algo bastante simple: las mujeres de mediana edad fantasean más con el sexo y verdaderamente lo practican más que sus iguales más jóvenes. La interpretación es que cuando se acerca el final, ya sea en un bar o en la vida reproductiva propia, ya no hay tiempo para ser demasiado exigente.

Pero no cerremos estas consideraciones sobre la hora de cerrar pensando que los humanos son los únicos que miran el reloj. Kathleen Lynch investigó este fenómeno en las ranas túngaras y descubrió que también sus estándares de belleza varían a medida que avanza el tiempo. Como vimos al visitar una de sus orgías en el capítulo dos, la hembra de rana túngara solo visita el mercadillo sexual la noche que está lista para aparearse. Si no lo consigue esa noche, todos los huevos que porta se perderán; esos genes nunca pasarán a formar parte del acervo génico, sino que saldrán del tracto reproductivo de la hembra para convertirse en alimento de los peces e insectos que nadan en su charca de apareamiento. ¿Tendrá también la hembra de rana túngara una «adaptación psicológica que acelere la reproducción» para evitar ese desperdicio? Pues lo cierto es que sí, y hasta se diría que también ella ha seguido la máxima de Mickey Gilley. Lynch tentó a las hembras con una llamada de apareamiento artificial que difería bastante del canto habitual de un macho de rana túngara y que otros estudios habían revelado carente de atractivo para ellas. Al comienzo de la noche, las hembras se mostraron atraídas por el canto normal emitido en el campo de pruebas, pero ignoraron el canto anómalo. Con la noche más avanzada, cerca ya de la hora de cerrar para las hembras, sus estándares de belleza aceptable habían cambiado, y aceptaban sin problemas ese canto deforme y sin atractivo; hasta respondían a este canto más deprisa que a una llamada normal en momentos menos avanzados de la noche.[9]

Las hembras de rana túngara no son las únicas que se muestran así de tornadizas; las hembras de otros animales responden de manera análoga con la edad: las cucarachas de más edad necesitan un menor cortejo para decidirse a aparearse, y los guppis y los grillos domésticos se vuelven menos exigentes con la edad. Todos estos animales son más permisivos a medida que se acerca la hora del cierre, tal vez reduciendo su «disonancia» por el camino.

En el caso de los humanos, tanto hombres como mujeres cambian de estrategia sexual a medida que envejecen: o bien realzan su belleza sexual con adornos o bien se engañan a sí mismos sobre su atractivo. En los animales hay menos casos de machos que reaccionen ante el acercamiento imparable del señor de la guadaña. Un ejemplo esclarecedor lo ofrecen los machos de la mosca de la fruta común, *Drosophila melanogaster*, a quienes les sobreviene la muerte muy deprisa: en treinta días desaparecen.

El macho de la mosca de la fruta tiene el esperma maduro tan solo dos días después de salir de la crisálida, pero es menos fértil que sus mayores de siete días. Estos jóvenes también están en desventaja cuando compiten con sus mayores por las hembras. Tanto para los machos como para las hembras de mosca de la fruta el apareamiento reporta descendencia, pero también les acorta la vida debido, según se cree, a todos los costes energéticos que conllevan el cortejo y la reproducción.[10] Por tanto, tal vez tenga alguna ventaja que los machos jóvenes renuncien a aparearse hasta alcanzar más edad, cuando aumenta la probabilidad de que el sexo les brinde descendencia. Hay muchas maneras de evitar el sexo durante la juventud, pero, por lo que sabemos de nuestra propia especie, la abstinencia no es un método especialmente eficaz, sobre todo cuando hay poca fuerza de voluntad. La solución evolutiva de la mosca de la fruta es que los machos más jóvenes no perciben si las hembras están listas, frente a la mayor sensibilidad de los machos más maduros.

En el capítulo anterior hablamos sobre las neuronas receptoras olfativas de las polillas que intervienen en el cortejo. Se trata de las neuronas que expresan el gen *fruitless*, un gen que desempeña un papel crucial durante el cortejo. El gen *fruitless* también está en la mosca de la fruta, de hecho, se descubrió en estos animales. Las neuronas receptoras olfativas que expresan el gen *fruitless* también son determinantes para el cortejo en la mosca de la fruta, y reciben el sensual apelativo de OR47b.[11] Cuando los investigadores organizan competiciones sexuales entre machos de siete días y machos de dos días, los más viejos revelan una ventaja de 2:1 para aparearse.[12] ¿Podría deberse este hecho a que los machos más maduros detectan mejor a las hembras? Los estudiosos analizaron esta cuestión eliminando los genes responsables de las neuronas OR47b. Entonces pusieron a las moscas mutantes de siete días a competir con moscas normales de su misma edad: los machos normales consiguieron más parejas. Por tanto, las neuronas OR47b son importantes para que los machos más viejos consigan pareja. Pero, ¿ocurre lo mismo con los machos más jóvenes? Cuando se repitieron los mismos experimentos con machos más jóvenes, se obtuvo una respuesta diferente: los machos mutantes de dos días sin receptores OR47b consiguieron los mismos logros que los machos normales de dos días. Aunque los machos de dos días disponen de estas neuronas, no parecen influir en absoluto en su éxito reproductivo.

Estos resultados indican que las neuronas OR47b responden de las diferencias en cuanto a éxito de apareamiento entre machos jóvenes y viejos. ¿Por qué? Una interpretación obvia es que esas neuronas son más maduras y más sensibles en machos más viejos. Para comprobar esta idea los investigadores realizaron grabaciones neuronales de OR47b, de manera muy similar al procedimiento que seguimos con la rana túngara descrito en el capítulo dos. En lugar de emitir los sonidos de un animal sometieron los receptores de los machos al olor de la hembra y descubrieron que los receptores OR47b son más de cien veces más sensibles en las moscas de siete días que en las moscas de dos días. En este caso, la respuesta de la edad avanzada a la oportunidad sexual se debe a motivos distintos de los de la mayoría de ejemplos que acabamos de comentar. Los machos de mosca de la fruta han evolucionado para aumentar su sensibilidad ante las hembras cuando son más viejos con la finalidad de refrenar su apetito sexual durante la juventud. Cuando es joven, el macho tiene menos probabilidades de atraer con éxito a una hembra, y es posible que el esfuerzo para conseguir una aumente su mortalidad. En este ejemplo al menos, los machos más viejos no son más sabios, sino tan solo más sensibles. Los relojes internos explican muchas de las variaciones que se aprecian en lo que los animales, nosotros incluidos, encuentran sexualmente atractivo. Así que la próxima vez que un pretendiente le parezca caprichoso, mire qué hora es.

* * *

El reloj interno no es lo único que nos hace variables; también intervienen fuerzas externas. Nos gustaría pensar que somos originales, únicos en nuestra especie. Técnicamente es cierto; no hay dos individuos exactamente iguales. Pero buena parte de lo que somos está copiado de otros. Nuestros genes son copias de los genes de nuestros padres; copiamos el lenguaje de los demás cuando somos pequeños, y nuestros gustos musicales, artísticos, culinarios y los equipos deportivos que defendemos responden a costumbres culturales copiadas de quienes nos rodean. Es más, el sexo y el abuso del alcohol y de la marihuana a los quince años y un sinfín de irritantes conductas adolescentes se achacan en parte a la incapacidad para resistirse a imitar el comportamiento de los demás. Tiene mucho sentido. Cuando los animales son sociales, y nosotros nos contamos entre los más sociales de todos, hay un montón de información pública ahí fuera y a veces es ventajoso tenerla en cuenta. Si alguien tiene éxito, hagamos lo mismo con la esperanza de obtener el mismo resultado. Si queremos encajar dentro de un grupo, siempre existe la presión de actuar como otros miembros del grupo. Sin embargo, no todos nuestros semejantes fueron creados por igual, y la presión de los demás varía dependiendo de quiénes sean. Todos sabemos que la esmerada elección de nuestros compañeros es una manera de extender y mejorar nuestro fenotipo.

Un ejemplo precioso de ello lo encontramos en la película *Legally Blonde.** Un joven torpe y ñoño pide salir a una joven presumida y altiva y esta rechaza su petición con la frase «las mujeres como yo no salen con perdedores como tú». La encantadora, guapa y pragmática Elle Woods (interpretada por Reese Witherspoon) oye la conversación por casualidad. Conmovida por el pobre muchacho, se acerca a ese desconocido, le pregunta entre sollozos fingidos cómo ha podido romperle el corazón así, y acto seguido se marcha con paso firme simulando tener el corazón destrozado. Cuando Elle se va, la señorita Snooty, que ha estado escuchando a hurtadillas, vuelve a acercarse al muchacho y le pregunta «Entonces, ¿cuándo querías que saliéramos?».

El concepto de que nuestra idea de belleza está influida por la estética sexual de los demás recibe el nombre de *copia de elección de pareja.* Aunque no es nada nuevo que esto sucede en nuestra especie, la imitación de los demás a la hora de elegir pareja no se convirtió en un tema serio en biología evolutiva hasta que los investigadores quisieron averiguar por qué son tan pocos los machos de urogallo de las artemisas que consiguen aparearse con tantas hembras en los leks. Los leks, o ruedos de apareamiento, son el mercadillo sexual más extremo del reino animal y sirven como sistema de apareamiento a un conjunto diverso de anima-

* Película estadounidense del año 2001 conocida en España como *Una rubia muy legal* y en algunas partes de Latinoamérica como *Legalmente rubia.* (*N. de la T.*)

les. Los machos se reúnen en un lugar específico, el lek, con la única finalidad de exhibir sus atributos sexuales ante las hembras, y las hembras se encargan de decidir con qué machos se aparean. Paradójicamente, solo unos pocos machos tienen éxito (y mucho, además), pero la diferencia entre los distintos machos disponibles en cuanto a características que se puedan medir, como el tamaño, la edad, el color del plumaje y las exhibiciones de apareamiento, no es tan grande. ¿Cómo es posible que diferencias mínimas, o incluso inexistentes, en el aspecto de los machos dé lugar a diferencias tan grandes en cuanto a éxito de apareamiento?

Los leks del urogallo de las artemisas son sitios peculiares. Estas aves viven en los campos de artemisas de América del Norte, y los emplazamientos donde montan sus leks no tienen nada de extraordinario. Pero, aunque estén dispuestos al azar, siempre se encuentran en los mismos lugares un año tras otro. Algunos registros de nativos americanos revelan que algunos de estos espacios se utilizan como leks desde hace más de cien años. Mi primer encuentro con un urogallo de las artemisas ocurrió en Wyoming durante un amanecer en el que las estrellas aún tachonaban el cielo y la temperatura rozaba el punto de congelación. A medida que el Sol empezó a asomar vi docenas de machos pavoneándose con la cola enhiesta en forma de abanico de púas y el pecho hinchado; dos sacos amarillos sobresalían entre las plumas blancas del pecho mientras emitían extraños sonidos. Algunas hembras se movían por el lek sin prisa aparente mientras examinaban a los pretendientes. La hembra de urogallo de las artemisas goza de absoluta libertad para elegir a su pareja, pero no parece tener mucha confianza en su propia capacidad de elección.

Lo único que consigue la hembra de estos animales de su pareja es esperma; él nunca ejercerá como padre, ni bueno ni malo, y no ofrecerá a su pareja ni alimento ni protección. Aunque los investigadores encontraron gran cantidad de machos igual de atractivos, solo unos pocos fueron elegidos como pareja por las hembras. Como consecuencia, cada año menos del 10 %

de todos los machos disponibles completaba más del 75 % de todas las cópulas, pero esos machos no parecían tener nada que convirtiera su atractivo en algo extremo.[13] Entonces, ¿cómo es posible que unos pocos machos de urogallo, no tan diferentes del resto, sean considerados por la mayoría de las hembras como los más atractivos?

La paradoja se desvanece si contemplamos la posibilidad de que las hembras de urogallo no siempre piensen por sí mismas. ¿Y si las hembras no toman sus decisiones de apareamiento de forma independiente, sino que están influidas por lo que las demás encuentran atractivo? Consideremos el siguiente caso: hay un grupo de machos con el mismo buen aspecto, pero cuando uno de esos machos es elegido por una hembra, se vuelve más atractivo para las hembras observadoras, quienes entonces copian la elección de sus iguales. Cuando esto sucede, el macho elegido inicia su escalada triunfal; cuanto más se aparea, más atractivo se vuelve, lo que le aporta más parejas, y lo torna aún más atractivo para las copionas. La copia de elección de pareja parece dar una solución lógica a esta paradoja, pero ¿es la solución biológica? Es decir, ¿ocurre así de verdad? Aunque los estudios del urogallo de las artemisas motivaron la explicación de la copia de elección de pareja, estas aves no son los sujetos ideales para comprobar su validez de forma experimental. Pero los peces, sí.

Los guppis *(Poecilia reticulata)* se cuentan entre los vertebrados con mayor diversidad de patrones. Tienen el cuerpo salpicado por una variedad de colores, pero el naranja triunfa a ojos de las hembras por encima de todos los demás. Al igual que los ojos de las mojarras que comentamos en el capítulo cuatro, la exacerbada sensibilidad de los guppis por determinados colores evolucionó como respuesta al alimento que deben localizar, que en este caso son los frutos de color naranja que caen al agua. Dicen que los machos de guppi han evolucionado para exhibir una ornamentación de color naranja con la finalidad de explotar este sesgo sensorial en las hembras. Pero lo que influye en la elección de las hembras no es tan solo el color que ven en los machos, sino también lo que ven que eligen otras hembras.

El biólogo Lee Dugatkin usó un experimento sencillo para descubrir que las hembras de guppi copian la elección de pareja de sus semejantes, tal como se sospecha que hace el urogallo de las artemisas y tal como ilustró la actriz Reese Witherspoon en humanos. Dugatkin colocó una hembra de guppi en un acuario con dos machos, cada uno de ellos en un compartimento separado situado en extremos opuestos de la pecera que alojaba a la hembra. La hembra podía moverse hacia cualquiera de los dos extremos para cortejar a cualquiera de los machos. La cantidad de tiempo que dedicara a cortejar a cada macho indicaría la atracción relativa que sentía hacia ellos y, al igual que otras hembras antes que ella, esta tendió a preferir el macho con más color naranja. Después, Dugatkin volvió a situar la hembra experimental en un contenedor transparente en el centro del acuario y colocó otra hembra «de control» dentro del compartimento del macho menos preferido por la primera. Desde su compartimento, la hembra experimental podía ver el cortejo del macho a esta hembra de control. Entonces se retiró la hembra de control y se volvió a comprobar la preferencia de la hembra experimental, que se había limitado a observar la actividad sexual del macho por el que manifestó menor preferencia en un primer momento. Su preferencia inicial se reveló cambiante; invirtió su preferencia y ahora pasó más tiempo con el macho que había rechazado con anterioridad.[14] Estos resultados ofrecieron una explicación posible de la tendencia extrema al éxito de apareamiento en otras especies: aunque todos los machos tienen el mismo atractivo, uno tiene que ser el primer elegido y, si las hembras se copian, el macho elegido disfrutará de una proporción considerable de todos los apareamientos. Ahora hay numerosos estudios que han evidenciado el potencial del contexto social para influir en los perceptos de la belleza sexual de una hembra.

La copia de elección de pareja no se restringe a los guppis, y este descubrimiento nos ayudó a algunos a resolver otra paradoja en otro pez. El molli vela *(Poecilia latipinna)* es un pez típico en el que los machos y las hembras se reproducen apareándose entre sí. Sin embargo, hay una especie de pez de aspecto similar, el molli amazónico *(Poecilia formosa)*, del que solo existen hembras. Este pez debe su nombre común a ese pueblo de la mitología griega formado únicamente por mujeres que únicamente se relacionaban con hombres para procrear. El molli amazónico se parece a aquellas mujeres en que también siguen necesitando machos. Aunque el molli amazónico produce clones de la madre con huevos sin fertilizar, estas hembras necesitan el esperma de algún macho para estimular el desarrollo de los huevos; el esperma no fertiliza los huevos sino que aporta una especie de empujón bioquímico para que los huevos inicien su desarrollo. Puesto que estos peces soportan la carga de tener que aparearse con un macho, las hembras de molli amazónico se encuentran en cierto modo en un apuro, puesto que no existen machos de molli amazónico. Entonces, ¿qué hacen? La solución de estas hembras es localizar un macho lo más parecido posible a como sería un macho de molli amazónico en caso de existir.

Los mollis amazónicos surgieron a partir de un error evolutivo. Aparecieron hace unos trescientos mil años en Tampico, en la costa del Golfo del norte de México. Este error, que dio lugar a una especie nueva, se produjo cuando una hembra de molli mexicano *(Poecilia mexicana)* se apareó por error con un macho de molli vela. En ríos al norte de Tampico de México y Texas, los molli amazónicos viven en comunidad con los molli vela; al sur de Tampico cohabitan con el molli mexicano. Dependiendo del lugar en el que viven, las hembras de molli amazónico utilizan o bien machos de molli vela o bien machos de molli mexicano para conseguir el esperma que impulse sus huevos hacia la reproducción.

Los científicos habían explicado este extraño sistema de apareamiento desde la perspectiva de los molli amazónicos, pero a mí me interesó porque me incomodaba no saber por qué los machos de molli vela se prestan a formar parejas tan raras. Me molestaba no porque tenga algo en contra del apareamiento entre especies diferentes (normalmente no es viable, pero si los peces quieren probar, igual se convierten en la excepción), sino porque no entendía qué ganaban los machos con ello. Aparearse siempre tiene un coste: inversión de energía, dedicación de un tiempo y atracción de depredadores. Para los machos, que suelen intentar aparearse todo lo posible, los costes del apareamiento suelen superar con creces los beneficios de una fertilización exitosa. Pero no hay posibilidad de engendrar descendencia con los genes del macho si un pez molli vela se aparea con una hembra de molli amazónico. Parece un esfuerzo totalmente baldío. Sin embargo, ¿recuerdas las abejas de las orquídeas del capítulo tres que ayudan a las plantas a tener sexo? Yo me pregunté si con un análisis más minucioso descubriría algún sentido en el comportamiento de los machos de molli vela desde un punto de vista adaptativo. Tal vez esos machos encontraran alguna ventaja sutil y oculta en sus escarceos con las hembras amazónicas.

Los científicos solo han prestado una atención fugaz al aparente comportamiento inadaptado de estos machos; el consenso fue que son unos peces estúpidos y salidos. O bien no notaban la diferencia entre sus propias hembras de molli vela y las molli amazónicas (son estúpidos) o sencillamente les daba lo mismo (están salidos). Yo estaba convencido de que son estúpidos (al fin y al cabo, son machos), pero dudaba que lo fueran tanto. Si yo mismo era capaz de distinguir una hembra de molli vela de una molli amazónica, seguro que los machos de molli vela también podían. Nuestra manera de «preguntar» a esos machos si saben realizar esta discriminación consistió en colocar un macho en una pecera con una hembra de molli vela y una molli amazónica, y contar cuántas veces intentaba el macho introducir su órgano intromitente (el equivalente al pene de los peces) en cada una de esas hembras. Aunque los machos de molli vela se aparearon con ambos tipos de hembra, manifestaron una preferencia muy marcada por las hembras de su clase: salidos sí, pero no estúpidos. Entonces, ¿por qué molestarse con las molli amazónicas?

Mis alumnos de posdoctorado Ingo Schlupp y Cathy Marler y yo nos preguntamos si los estudios recientes realizados por Dugatkin portarían la clave de estos extraños emparejamientos entre mollis vela y amazónicos. ¿Sacarían algún beneficio los machos de molli vela al aparearse con las amazónicas porque la copia de elección de pareja les atribuía un atractivo mayor ante sus hembras? Nuestro experimento fue similar al de Dugatkin. Ofrecimos a una hembra de molli vela la posibilidad de elegir entre dos machos de su misma especie. Inevitablemente, la hembra prefirió uno en lugar del otro. A continuación dejamos que la hembra experimental presenciara el cortejo del macho no elegido a una hembra de molli amazónico. ¿Imitaría una hembra de molli vela la elección de pareja de una hembra de molli amazónico? Así fue. Cuando volvimos a comprobar su preferencia, esta hembra encontró más atractivo al macho de molli vela por el que previamente había manifestado menos preferencia. La copia de elección de pareja ocurrió hasta tal punto que la hembra de molli vela copió la elección de pareja de otra especie.[15] Puede que los machos de molli vela desperdicien esperma al aparearse con hembras de molli amazónicos, pero no pierden el tiempo en absoluto; incrementan su atractivo.

Pero el comportamiento imitativo de las hembras de molli vela tiene un componente adicional que desveló una estudiante de psicología evolutiva de mi universidad: Sarah Hill. A Sarah le interesaba estudiar el comportamiento humano a la hora de elegir pareja, y a menudo asistía a las reuniones semanales de nuestro laboratorio en las que hablábamos sobre comportamientos sexuales animales. Estaba un poco frustrada porque no podía realizar con humanos la clase de experimentos que nosotros efectuamos de manera rutinaria con los peces, así que incluyó los peces en el repertorio de sus investigaciones.

Sarah quería saber si la calidad del individuo que sirve como modelo altera el grado en que una hembra imita la elección de pareja. Una vez más, los molli vela y los peces molli amazónicos brindaban un buen método de estudio. Como acabamos de comentar, los machos se aparean sin problemas con las molli amazónicas, pero prefieren las hembras de molli vela; a sus ojos, las hembras de su especie son más «útiles» que las de molli amazónico. Si confrontamos una hembra a dos machos, uno que corteja a una hembra de molli amazónico y otro que corteja a una hembra de molli vela, podemos suponer (y, lo más importante, una hembra de molli vela que esté observando también lo hará) que el macho que está con la hembra de su especie es más atractivo que el que está con una hembra de molli amazónico.

Sarah repitió lo que se ha convertido en la prueba estándar para comprobar la copia de elección de pareja. Pero en sus experimentos, una vez que la hembra de molli vela eligió un macho, Sarah vinculó cada macho a un modelo. Al macho elegido le asignó una hembra molli amazónica, mientras que al macho no elegido le asignó una hembra molli vela, lo cual alteraba la utilidad de los modelos. Pronosticamos que el modelo de molli vela sesgaría la preferencia de la hembra hacia el macho que no eligió en un primer momento, a pesar de que el macho elegido también estaba asociado a un modelo, solo que a uno menos deseable. Y eso es justo lo que pasó.[16] Tener pareja influye en tu atractivo, pero el atractivo de tu pareja también repercute.

Seguramente casi nadie necesita que lo convenzan de que la copia de elección de pareja también se da entre humanos, y hay gran cantidad de datos que respaldan esta impresión. La mayoría de esos experimentos psicológicos sigue procedimientos similares, solo que con participantes LERDOS, así que permíteme un inciso. Una de las limitaciones a las que se enfrentan quienes trabajan con humanos, Sarah entre ellos, es que hay muchos tipos de experimentos que la ética prohíbe realizar. En general, esto es bueno, pero entorpece el sistema científico de los psicólogos que estudian al ser humano. Un procedimiento alternativo al empleo de un experimento lo ofrecen los cuestionarios, pero formular preguntas solo funciona si cuentas con alguien que las responda. Por suerte para muchos psicólogos del mundo académico, la docencia siempre ofrece un público cautivo de alumnos que se apuntan a clases donde les piden que participen en estudios de este tipo como parte del curso o para conseguir créditos adicionales. Tal como señalaron el psicólogo Joe Henrich y sus colaboradores en un artículo publicado en la revista *Behavioral and Brain Sciences*, quienes participan en la mayoría de esos estudios son LERDOS (Listos Educados en Ricas Democracias Occidentales).[17] Vale, de acuerdo, tal vez sean lerdos, pero siguen siendo humanos, así que ¿no podríamos extrapolar a otros humanos los resultados obtenidos con ellos? Sí, hasta cierto punto, pero debemos recordar que estos sujetos suelen ser de países que en conjunto solo abarcan el 12 % de la población. Además, en su mayoría se trata de adolescentes o gente de veintipocos años, lo que significa que su cerebro aún no se ha desarrollado por completo: tienden a ser más insensibles al riesgo, más interesados en la gratificación inmediata, y un tanto limitados en cuanto a experiencias vitales. Por último, hay razones para pensar que estos individuos no siempre dan respuestas sinceras y sin sesgos a las preguntas que se les formulan. Pero son lo que son; basta con que no se nos olvide que no son todo el mundo y que los resultados obtenidos a partir de sujetos LERDOS podrían no ser aplicables en otros países, culturas, clases y edades. Por ejemplo, en el capítulo cuatro comenté de pasada que la proporción entre la cintura y la cadera de la mujer, con independencia de su peso corporal, influye en su atractivo para el hombre: 0,71 es lo ideal. La mayoría de los estudios que contribuyen a este resultado se basan en sujetos LERDOS, y casi todos ellos estuvieron dirigidos por individuos expuestos a la cultura occidental a través de medios de comunicación de masas. El antropólogo Lawrence Sugiyama midió las preferencias de los hombres por la proporción entre la cintura y la cadera de las mujeres en una tribu remota del territorio Shiwiar de la Amazonia ecuatoriana. Ahí descubrió que los hombres atribuyen más importancia a la masa corporal que a la proporción entre cintura y cadera.[18] Estos resultados no niegan otros estudios que revelan la importancia de la proporción entre cintura y cadera, pero sí evidencian que probablemente este aspecto particular de la belleza femenina está condicionado en buena medida por un factor cultural. Como las culturas difieren entre sí, también habrá estéticas sexuales distintas.

Estudios de humanos revelaron la relevancia del mecanismo de copia de elección de pareja incluso antes de que los expertos en biología evolutiva le pusieran nombre al fenómeno. Los psicólogos Harold Sigall y David Landy anticiparon gran parte de la investigación relacionada con la copia de elección de pareja en 1973. Su planteamiento fue: «Nuestro deseo de relacionarnos con gente guapa, ¿está favorecido por la impresión positiva que causamos en los demás al mostrarnos en esa compañía?». Los experimentos que realizaron consistieron en situar un sujeto en una sala de espera en la que ya había otros dos universitarios, un hombre y una mujer. El hombre, el objetivo, tenía un atractivo muy común y estaba acompañado por una mujer, el control, que era o guapa o fea, y en ambos casos se realzaba esa condición con el atuendo que llevara puesto. Después se pedía a los sujetos participantes que valoraran sus impresiones generales sobre el hombre y en qué medida podría «gustarles» o «disgustarles». Los hombres recibieron mejor valoración cuando estaban acompañados por una mujer guapa que cuando estaban con una mujer fea.[19] Aunque aquellos estudios no pretendían evaluar de forma explícita el atractivo sexual, la prueba está ahí.

Estudios más recientes en el campo específico de la copia de elección de pareja han revelado efectos similares. El antropólogo David Waynforth mostró a estudiantes universitarios fotografías de hombres solos y, después, imágenes de esos mismos hombres acompañados de una pareja guapa o de una fea. Los sujetos del experimento debían valorar si el hombre era guapo de cara. El atractivo del hombre era mayor cuando aparecía en compañía de una pareja guapa.[20] Sarah Hill, que retomó los experimentos con humanos después de su breve incursión en la selección sexual animal, puso de manifiesto que la utilidad del modelo en la copia de elección de pareja en humanos no es categórica (es decir, los modelos atractivos favorecen, mientras que los repulsivos reducen, el atractivo del objetivo), pero el efecto aumenta de forma más gradual cuando hay variación en el atractivo del modelo.[21] Parece ser que no encasillamos a los demás como guapos o feos, sino que los valoramos dentro de un espectro de mayor o menor atractivo. ¡Sin embargo, somos muy críticos!

El mero hecho de que un hombre resulte más atractivo a los demás si está acompañado de una pareja atractiva, no significa que esté buscando ese efecto. Pero también puede que sí. Los trofeos suelen reconocer a los vencedores en una competición. Aunque solemos decir que competimos para ganar un trofeo (por ejemplo, con frases como «¡Nuestro equipo se traerá el trofeo a casa!»), el trofeo certifica la victoria. Tal como escribe Jarod Kintz en la obra *This Book Is Not for Sale*: «Un trofeo no es la cosa en sí, la estatua dorada sobre una peana de mármol, sino el reconocimiento de la excelencia. Un trofeo es una representación física de los conceptos abstractos del trabajo duro y la dedicación. Y esa es la razón por la que yo no tengo ningún trofeo».[22] Pues bien, creo que este es el sentido en el que algunos usan la expresión peyorativa *mujer trofeo* para referirse a la esposa atractiva y mucho más joven de un hombre mayor y, por lo común, rico. Ella certifica su éxito en la competición de la vida o, al menos, en la competición por ganar dinero, ¡y a los hombres les encanta presumir de sus trofeos!

Hay pruebas con más peso que los meros rumores de que los hombres son conscientes de la «utilidad de su modelo». ¿Alardean a sabiendas de sus atractivas parejas? En el estudio de Sigall y Landy que acabamos de mencionar, los objetivos masculinos consideraron que obtendrían una valoración más favorable acompañados de modelos guapos que acompañados de modelos feos, sobre todo si el espectador pensaba que el modelo atractivo era una novia. Un estudio más reciente revela que los hombres no solo son conscientes de esto, sino que, además, lo usan para alardear. A estudiantes universitarios de Missouri se les dijo que debían repartir folletos en el campus acompañados de algún compañero del sexo opuesto con quien debían simular que mantenían una relación de pareja. A los sujetos se les entregó una fotografía del presunto, aunque ficticio, compañero o compañera y se les ofreció elegir si querían repartir los folletos en zonas frecuentadas por otros estudiantes universitarios o por personal de administración y servicios. La hipótesis del «alardeo» predecía que los hombres emparejados con chicas atractivas querrían «presumir» de pareja ante sus iguales, mientras que los que tuvieran asignadas parejas feas, preferirían «ocultarlas» trabajando en la zona del personal de administración para evitar a otros estudiantes. Tanto hombres como mujeres siguieron la máxima «si lo tienes, presume de ello».[23]

Debemos ser un poco cautos al interpretar los estudios relacionados con las preferencias humanas por la belleza. En primer lugar, tal como he comentado ya, los estudios suelen realizarse con sujetos de una población particular que no tiene por qué ser representativa de los humanos en general. En segundo lugar, los estudios suelen utilizar elementos análogos que se apartan en cierta medida del fenómeno general investigado. Por ejemplo, preferir la fotografía de un individuo en lugar de la de otro no tiene por qué ser indicativo de la manera en que se elige pareja. En tercer lugar, el mero hecho de que los humanos y los peces, así como otros animales, revelen que copian la elección de pareja de otros no significa necesariamente que este rasgo haya surgido bajo las mismas fuerzas de la selección, que esté influido por la misma mezcla de caracteres de nacimiento y adquiridos o que tenga funciones similares en especies diferentes. No obstante, los estudios de psicología evolutiva están planteando interrogantes relevantes sobre por qué somos quienes somos.

En este apartado hemos visto que nuestros pares sociales influyen en cómo nos perciben los demás: su atractivo crea un efecto de halo en nuestro propio atractivo. Esto parece lógico, aunque sea un descubrimiento bastante reciente que la estética sexual puede ser tan maleable por la sociedad. En el siguiente apartado exploraremos un efecto más reciente y aparentemente ilógico del contexto social en nuestra manera de percibir la belleza.

* * *

Cuando la gente se enamora, cae prendada o desea a alguien solemos decir que está loca por esa persona. Pensemos, por ejemplo, en el título de algunas canciones: «Crazy Love», de Frank Sinatra; «Crazy in Love», de Kenny Rogers; «Crazy for This Girl», del dúo Evan and Jaron; «Crazy Stupid Love», de Cheryl Cole; «Crazy Wild Desire», de Webb Pierce; «I'm Crazy 'bout My Baby», de Marvin Gaye; y «Crazy in Love», de Beyoncé; ¡parece la lista musical de un manicomio![*] Puede que la locura y el amor vayan unidos porque muchas veces no entendemos qué atractivo encuentra alguien en la otra persona.

Lo contrario de la locura es la cordura. Cuando la gente está cuerda, damos por supuesto que es racional, pero cuando la gente es irracional no damos por sentado que esté demente. Esto está bien porque la irracionalidad está en alza y más vale confiar en que el manicomio no esté dirigido por los internos, ni en nuestra especie ni en ninguna otra. Sin embargo, poco sabemos sobre lo razonables que son nuestros perceptos de la belleza sexual. Para explorar este territorio debo explicar a qué me refiero con el término *racional*, y para ello recurriré al campo de la economía, en lugar de la filosofía, puesto que la primera ofrece una base más cuantitativa. De acuerdo con el dogma económico clásico, los individuos se comportan de manera racional cuando maximizan

* La palabra inglesa *crazy* significa «loco» o «loca». *(N. de la T.)*

alguna utilidad. Los economistas dan por supuesto que siempre procuramos sacar el máximo beneficio económico; en la biología evolutiva, donde ha calado hondo el análisis económico clásico, se da por supuesto que los animales procuran conseguir la máxima eficacia darwiniana.

¿Cómo sabemos si un individuo se comporta de manera racional si normalmente no se puede predecir la cantidad de dinero o la cantidad de citas que conseguirá tener a largo plazo? Dos criterios importantes son que un individuo racional toma decisiones de acuerdo con los axiomas matemáticos simples de la transitividad y la regularidad. La transitividad asume que si A > B y B > C, entonces A > C. La transitividad es habitual en nuestro mundo. Si Ana es más alta que Bea, y Bea es más alta que Clara, entonces no necesitamos un metro para saber que Ana es más alta que Clara. La transitividad es una regla útil que da más información sobre las relaciones. Pero la transitividad se quebranta con frecuencia. El juego infantil de «piedra, papel o tijera» es un ejemplo de intransitividad: la piedra gana a las tijeras porque las rompe; la piedra pierde frente al papel porque este último la tapa; pero el triunfo del papel dura poco porque le ganan las tijeras: zas, zas, zas. La intransitividad también es habitual en los juegos de adultos. Consideremos una falacia típica de quienes juegan a las apuestas: el equipo X ganó al equipo Y hace unas semanas; la última semana el equipo Y ganó al equipo Z; por tanto, este domingo debería ganar X a Z (X > Y, Y > Z, por tanto, X > Z). X está convencido de que ganará, ¿no es así? Puedes apostar a que lo hará. Muchos se han hecho ricos como corredores de apuestas gracias a la falacia de que los deportes son transitivos. Como suele decirse en el fútbol americano profesional, por eso juegan los partidos en domingo.[*]

* La simultaneidad de partidos cumple, entre otras, la función de evitar amaños de resultados por intereses deportivos o de apuestas. *(N. de la T.)*

Muchas teorías sobre cómo se produce la elección de pareja dan por supuesto que es un fenómeno transitivo. Hasta donde sabemos, y no es que sepamos mucho, se trata de una creencia bien asentada cuando se trata de las percepciones humanas de la belleza sexual; la transitividad se ha demostrado en la preferencia del pájaro diamante mandarín por el color del pico, en la preferencia de las palomas por un patrón de plumaje y en la preferencia de los peces cíclidos por el tamaño corporal. Una ligera excepción la encontramos en un estudio de transitividad de la rana túngara durante el cual Stan Rand y yo realizamos experimentos, y en el que nuestro colega Mark Kirkpatrick analizó los datos con un poco de su magia matemática. A las hembras se les permitió elegir cualquier pareja posible entre el canto de apareamiento de nueve machos. Los resultados de aquel estudio revelaron que las hembras tendían a ser intransitivas.[24]

Hay una escasez sorprendente de estudios de transitividad en relación con las preferencias de pareja en los humanos. Pero, cuando se realizan, parece confirmarse la transitividad. Un estudio del biólogo evolutivo Alexandre Courtiol y sus colaboradores, por ejemplo, reveló preferencias por la altura de la pareja en humanos: las mujeres preferían hombres más altos que ellas, y los hombres preferían mujeres más bajas que ellos. Había un efecto de techo y suelo en ambos géneros; la gente perdía atractivo como pareja cuando su altura se acercaba al techo o al suelo. Pero dentro del amplio rango en el que la altura importaba, las preferencias por ella eran transitivas.[25]

El otro criterio de racionalidad económica es la regularidad. Esta se da cuando el valor relativo apreciado en A frente a B no está influido por la incorporación de un tercer elemento C. Yo manifiesto regularidad cuando mi elección entre una cerveza rubia checa y una india Pale Ale no está influida por el hecho de si el bar también sirve la cerveza Coors Light (y, créeme, no lo está). Pero la regularidad no se da siempre; no solo se infringe a menudo, sino que además se usa en nuestra contra en el mundo del comercio. Una violación bien conocida de la regla de la regularidad la representa el efecto de dominio asimétrico, o el efecto señuelo. Veamos un ejemplo y ¡atención, consumidores!

Quieres comprarte un coche y buscas un vehículo que tenga buen precio y, al mismo, tiempo ofrezca buenas prestaciones de eficiencia energética. El vendedor te enseña dos modelos: el coche A consume 9 litros a los 100 y cuesta 25.000 dólares; mientras que el coche B gasta 15 litros a los 100, pero cuesta menos de 20.000 dólares. ¿Cómo decidirse? Mientras sopesas los costes y beneficios relativos, el vendedor resuelve decidir por ti o, para ser más exactos, te manipula para que creas que eres tú quien elige. Y, atención aquí viene el señuelo. El vendedor recurre a estadísticas y algunas bromas simpáticas mientras te muestra una tercera opción, el coche C: 10 litros a los 100 por la friolera de 40.000 dólares. El coche C queda completamente fuera de tu presupuesto y lo sabe. Entonces, ¿cómo te manipula ofreciéndote un producto que sabe que no querrás? De repente tu decisión se vuelve más fácil. Decides comprar el coche A: ofrece la mejor eficiencia energética de los tres coches a un buen precio, al menos comparado con el coste del señuelo, aunque ahora optas por el coche más caro de los dos que contemplaste en un primer momento. Y, por cierto, la comisión del vendedor depende del precio del coche, no de lo lejos que llegue con 100 litros de combustible.

Y, ¿cómo funciona este mecanismo? Una interpretación se basa en el propio nombre del fenómeno: *efecto de dominio asimétrico*. El señuelo, C, es una opción poco satisfactoria comparada tanto con A como con B, pero A supera, o domina, a C en ambos parámetros relevantes, en cuanto a consumo y en cuanto a precio, mientras que B solo domina sobre C en uno de los parámetros, el precio. Por tanto A es la mejor elección. Otra explicación tiene unos fundamentos más perceptuales. Al comparar el precio de los vehículos, B era mejor que A: 20.000 frente a 25.000 dólares. Pero la introducción de C amplió el rango de los precios comparados (de 20.000 dólares a 40.000 dólares), por tanto, la diferencia entre

A y B, que tan solo asciende a 5.000 dólares deja de parecer tan grande comparada con los 15.000 dólares de diferencia que hay entre A y C. Como el consumo de C (10 litros de combustible a los 100 km/h) es intermedio entre el consumo de A y de B, el rango de los consumos comparados se mantiene igual (entre 9 y 15 litros a los 100), de la misma manera que también se mantiene la diferencia percibida entre A frente a B. Una vez más A es la mejor elección, aunque por un motivo diferente.

Dada la facilidad con que el efecto señuelo repercute en el comportamiento humano en el mercado económico, no es de extrañar que sus efectos se extiendan al mercadillo sexual. La experta en psicología social Constantine Sedikides y sus asociados, incluido Dan Ariely, autor de *Predictably Irrational*,* sondeó a estudiantes para saber qué veían de atractivo en sus parejas. En uno de sus experimentos, las alumnas comunicaron sus preferencias entre tres modelos masculinos; los objetivos no eran ni personas reales, ni fotografías, sino descripciones de los atributos de cada hombre. Los hombres A y B siempre eran dos de los tres que integraban cada grupo: A tenía más atractivo físico que B, y B tenía mejor sentido del humor que A. Cada participante debía valorar tan solo uno de los dos grupos de tres hombres, ambos formados por A y B y un señuelo C. Pero el señuelo difería en cada uno de los dos grupos de tres hombres. En uno de los grupos de tres, el señuelo era CA, o sea, tenía el mismo atractivo que A, pero peor sentido del humor. Ante este grupo, las participantes preferían A frente a B. Cuando el señuelo era CB, es decir, con la misma simpatía que B, pero mucho menos atractivo, las participantes prefirieron B.[26] Al igual que en el ejemplo hipotético de los coches, el señuelo ampliaba uno de los parámetros valorados, en el primer caso, el humor, y en el segundo caso, el atractivo. Por tanto, la ampliación de un parámetro devaluaba el fenotipo del hombre que antes destacaba en ese parámetro.

---

* Versión en castellano: *Las trampas del deseo*, de Dan Ariely; Barcelona: Ariel, 2008, trad. de Francisco J. Ramos. (*N. de la T.*)

Hay pocos indicios de que elijamos a nuestros acompañantes con la intención de explotar al máximo el efecto señuelo, pero puede que sea así. El apartado anterior me decía que para ganar atractivo solo tengo que pasearme por la ciudad llevando al lado una mujer atractiva, y la copia de elección de pareja obrará su magia. Pero si no tengo a mano a ninguna mujer dispuesta a ayudarme, acabamos de ver que también servirán amigos de mi mismo género. Basta con elegirlos de forma estratégica. Supón que las mujeres suelen verme igual de conveniente que a mi mejor amigo, pero él es más apuesto y menos divertido. Debería buscar a un tercero que se nos una prestando especial atención a la relación que mantiene su atractivo y su sentido del humor con los míos y los de mi mejor amigo.

El fenómeno de la copia de elección de pareja es muy intuitivo, mientras que el efecto señuelo simplemente parece demencial. ¿Es este un caso en el que los humanos cavilamos demasiado, mientras que los animales son en realidad «más listos», o al menos más racionales, que nosotros? ¿O será que ellos también pican con estos señuelos? Sabemos mucho más sobre el efecto señuelo en humanos que en otros animales.

La alimentación es uno de los ámbitos del comportamiento animal donde se sabe que la irracionalidad asoma su cabecita loca. Esto se ha demostrado en el caso de las abejas, los colibríes y el arrendajo gris. Veamos el ejemplo del arrendajo gris. En un experimento se ofreció a los arrendajos su comida preferida, uvas pasas, a distintas distancias dentro de un embudo de malla metálica que las aves debían atravesar para acceder al alimento: dos uvas a 56 centímetros frente a una uva a 28 centímetros. La predicción sería que las aves preferirían la mayor cantidad de uvas y las más cercanas; en este caso, la elección de los pájaros se reveló sesgada hacia la uva solitaria, pero más próxima. Entonces se introdujo un señuelo: dos uvas a 84 centímetros. Las aves sucumbieron al efecto señuelo; ahora prefirieron las dos uvas a 56 centímetros.[27] Aunque parezca un efecto demencial, a estas alturas ya deberíamos saber predecirlo. Si no inferiste correctamente cuál sería el comportamiento del arrendajo, retrocede y vuelve a leer los párrafos anteriores, sobre todo antes de ir a comprarte un coche.

¿Pueden influir los señuelos en la estética sexual de los animales? La única prueba concluyente proviene de un estudio realizado por Amanda Lea y yo mismo con la rana túngara. Amanda identificó tres llamadas de apareamiento cuyo atractivo relativo se había documentado años antes. Estas medidas se conocen como *atractivo estático* de la llamada, porque se basan en cualidades del sonido del canto que son bastante constantes en cada macho y provocan un orden de preferencia uniforme en las hembras cuando se les ofrecen a elegir en experimentos con llamadas emitidas con el mismo ritmo, tal como se explicó en el capítulo dos. Las hembras también prefieren las llamadas con cadencias más rápidas en lugar de las más lentas. Amanda combinó el canto estático más atractivo con el ritmo de llamada menos atractivo, y viceversa. Al darles a elegir entre dos cantos A (mayor atractivo estático, ritmo de canto más lento) y B (menor atractivo estático, ritmo de llamada más rápido), las hembras mostraron una ligera preferencia por B. Amanda introdujo entonces una llamada señuelo C. Este canto era similar a A en cuanto a atractivo estático y tenía un ritmo de canto bastante más lento que A y que B. Las hembras prefirieron el canto A al canto C, y el canto B al C; el canto C, por tanto, era una alternativa peor. Cuando se dio a las hembras la posibilidad de elegir entre las tres opciones, la preferencia cambió del canto B al canto A.[28] Este cambio en cuanto a preferencia se había predicho de antemano porque, como en el caso de los coches, del atractivo humano y de las pasas del arrendajo, el parámetro en el que B era más atractivo que A era el ritmo del canto, y la introducción de C, con un ritmo de canto mucho más lento que A y que B, amplió el rango del ritmo de las llamadas en consideración, así que, de repente, el ritmo de llamadas de B dejó de parecer mucho mejor que el de A. Por tanto, en realidad, no podemos responder la pregunta de si las hembras de rana túngara encuentran más atractivo el canto A o el canto B. Depende; puede que tengan una preferencia fluctuante que varíe en función de quién más esté cantando en ese momento.

Los señuelos ni siquiera tienen por qué ser reales; ahora sabemos que los señuelos fantasma acechan en el inframundo de muchas transacciones comerciales. Volvamos por un instante al concesionario de coches. ¿Y si en lugar de enseñarte el coche C, el vendedor se limita a describirlo añadiendo que no puede ofrecerte ninguno porque se han vendido todos los coches de ese modelo? ¿Seguiría sesgando eso tu decisión para que compres el coche A? Sí. El mero hecho de tener la información del señuelo ya basta para alterar tu elección, de ahí el nombre de *señuelo fantasma*. Esto facilita aún más la manipulación de los consumidores, puesto que un señuelo volando tiene el mismo efecto que otro en mano. Los señuelos fantasma también influyen en las hembras de rana túngara. Amanda dirigió un segundo experimento en el que el altavoz que emitía el señuelo no estaba colocado en el suelo, donde las hembras pudieran acercarse a él, sino en un lugar elevado, donde quedaba fuera de su alcance (las ranas túngara no son arborícolas y nunca escalan para encontrar pareja). Los resultados fueron iguales a los anteriores. La llamada C ejerce un efecto señuelo en cuanto se percibe, aunque no esté accesible.

La variabilidad que introducen los señuelos es bien conocida en diversos ámbitos humanos, incluida la percepción de la belleza sexual. Yo sospecho que la rana túngara no será una excepción y que también estará influida por señuelos sexuales. Además, el efecto señuelo será el responsable de más de un caso de preferencias sexuales caprichosas dentro del reino animal. Nuestros estudios también predicen que los pretendientes de muchas especies habrán descubierto cómo usar este efecto para manipular de forma activa su atractivo con la astucia y la argucia de un vendedor de coches.

Este capítulo ha evidenciado que los sesgos en lo que percibimos como bello no solo responden a sesgos inherentes al sistema sensorial o al cerebro, sino también a sesgos provocados por el contexto fisiológico y social en los que se pondera la belleza. Todas las fuentes de sesgos pueden dar lugar a preferencias que permanezcan ocultas hasta que algún rasgo nuevo las ponga de manifiesto. Ya se ha hablado aquí de las preferencias ocultas, pero en el próximo capítulo ahondaremos más en esta influencia tan relevante para la evolución de la belleza sexual, aunque hace muy poco que se reparó en ella.

8
Preferencias ocultas y la vida en la pornotopía

Hay cosas que sabemos que sabemos... hay cosas que sabemos que no sabemos... Pero también hay cosas desconocidas que desconocemos, las que no sabemos que no sabemos.

DONALD RUMSFELD

Esta es la respuesta que dio el secretario de Defensa de Estados Unidos, Donald Rumsfeld, a una pregunta sobre la inexistencia de pruebas de que Irak tuviera armas de destrucción masiva, unas pruebas que Estados Unidos describió como «algo que sabemos que sabemos» para justificar la invasión de ese país. Cuando la prensa indagó un poco más y descubrió que no había ningún indicio de que Irak tuviera ese tipo de armas, la excusa del Gobierno fue que no sabía que no se supiera que no había armas... o algo por el estilo.

La vida está llena de descubrimientos de cosas que no sabíamos que existían. Esto incluye descubrir que a veces nos gusta lo que no conocíamos. A lo largo de las 169 líneas del clásico cuento infantil del Dr. Seuss titulado *Green Eggs and Ham,*[*] Sam explica con un detalle insufrible que no le gustan los huevos verdes con jamón, aunque nunca los ha probado: «No me gustarían ni aquí ni allá. No me gustarían en ningún lugar. No me gustan, Sam-I-am».[1] Al final, cuando lo convencen para que los pruebe, Sam descubre que sí que le gustan los huevos verdes con jamón. Sam tenía una preferencia oculta que le había pasado inadvertida porque nunca se había visto sometido al estímulo adecuado.

Los rasgos de la belleza sexual solo evolucionan si despiertan una preferencia en un elector. De ahí que cuando detectamos estos rasgos en la naturaleza siempre encontremos preferencias en el sexo opuesto que se corresponden con ellos. No hay nada de raro en ello, ya que la belleza está en el cerebro del observador; los rasgos de la belleza únicamente evolucionan cuando alguien los encuentra bellos. Pero, ¿cómo se produce esta correlación entre el rasgo y la preferencia, entre la belleza del portador y el gusto estético del observador?

A lo largo de buena parte de este libro hemos visto que puede haber preferencias por ciertos rasgos, pero que permanezcan sin explotar por los aspirantes hasta que uno de ellos desarrolle un rasgo, ya sea por mutación o por aprendizaje, que destape la preferencia oculta. Un ejemplo clásico lo ofrece el experimento con los peces cola de espada y los peces platis que vimos en el capítulo tres. Al incorporar una espada artificial a los machos de pez plati (un grupo de peces desprovisto de este rasgo), los machos con esa novedad se volvieron de repente más atractivos a ojos de las hembras de plati. Este experimento parece emular la evolución de la espada en los peces cola de espada; la preferencia ya estaba en el ancestro común de los platis y los peces cola de espada, tal vez como una preferencia general por los machos más grandes que los machos de pez cola de espada explotaron con menor coste energético para parecer más grandes.[2] Fueron mutaciones gené-

* Versión en castellano: *Huevos verdes con jamón*, de Dr. Seuss; Barcelona: Beascoa, 2015, trad. de María Serna Aguirre. (*N. de la T.*)

ticas, no manipulaciones experimentales, las que dotaron a estos machos de la cola de espada. Como sus hembras tenían una preferencia oculta por las espadas, los machos de platis dotados de repente de ese atributo resultaron al instante más atractivos que sus iguales desprovistos de él.

A lo largo de este capítulo ahondaré en los detalles de cómo acaban convergiendo los rasgos y las preferencias, e insistiré un poco más en la hipótesis relativamente reciente de las preferencias ocultas y su explotación. En el capítulo tres hablé por encima de esta cuestión, pero aquí abordaré los detalles y los matices con que se produce.

* * *

La evolución puede favorecer la convergencia entre los rasgos bellos y el gusto estético que los propicia de tres maneras diferentes: los electores desarrollan preferencias por rasgos ya existentes que suponen un beneficio para ellos; el desarrollo simultáneo de los rasgos y las preferencias; y la aparición de rasgos que se revelan atractivos de inmediato porque explotan preferencias ocultas.[3] Veamos en detalle cada una de estas posibilidades.

La preferencias pueden surgir por evolución cuando potencian la capacidad de reproducción de un individuo, como cuando provocan un deseo por pretendientes de la especie correcta, fértiles, sanos y que ofrezcan recursos y cuidados a la prole. Estas preferencias evolucionarán en una población con más frecuencia que las preferencias que ignoren esas cualidades en una pareja potencial, porque esas preferencias dan como resultado que los electores tengan más descendencia.

Hay cantidad de ejemplos de preferencias que han evolucionado de este modo. Consideremos, por ejemplo, cómo podría evolucionar el color de las plumas en las aves. Imagina una población de tordos sargento. En las zonas pantanosas de toda América del Norte resuenan cada primavera los musicales gorgeos de los machos apostados en los juncos mientras exhiben su distintivo sexual de intenso color rojo ante las hembras que intentan elegir pareja. Supón que otra especie de tordo, el tordo cabeciamarillo, empieza a convivir con ellos en esa marisma, como sucede en ocasiones. Hay varias maneras de diferenciar estas especies, pero el rasgo más fiable para las hembras del tordo sargento es el distintivo rojo de los machos. En este caso, la selección favorecerá con intensidad que hembras del tordo sargento se apareen únicamente con machos de tordo sargento, en lugar de hembras que no manifiesten ninguna preferencia por los rasgos que distinguen los machos de ambas especies de tordos. Una hembra de tordo sargento que no discrimine entre ambos tipos se apareará de manera aleatoria y, por tanto, a menudo lo hará con la especie equivocada. Es más, la selección también favorece a las hembras que prefieren machos con el distintivo rojo más intenso, porque esos son los machos que más se diferencian de la especie cabeciamarilla. Esta clase de preferencia indefinida por el color rojo es similar a la que exhibía el macho de diamante mandarín que comentamos en el capítulo tres, quien prefiere hembras que se diferencien al máximo de los machos, las que tienen el pico más anaranjado. Esta es una de las formas en que evolucionan las preferencias por ciertos rasgos, en este caso, los rasgos con más probabilidad de garantizar apareamientos con machos de la misma especie.

Supongamos ahora que llega otro visitante; no otra especie de ave, sino uno de sus parásitos: el piojo de las plumas. Algunos machos portan genes que los hacen resistentes a este piojo, pero otros machos desprovistos de esta resistencia genética se infectan y se debilitan, lo que a su vez merma su capacidad para defender territorios con buenos recursos. Estos machos enclenques no son parejas ideales, y no pueden ocultarlo. Sus infecciones pasan con rapidez al ámbito de lo público porque los dotan de una especie de estigma: el piojo desvanece la intensidad del color rojo en el macho dándole una tonalidad pálida. Esto resulta en otro asalto de la selección que favorece a las hembras que eligen machos con el distintivo rojo más intenso, los machos más sanos. Las hembras que realizan esta discriminación obtienen múltiples beneficios de su elección de pareja: se aparean con machos de la especie correcta; con los que ofrecen recursos de más calidad para la hembra y su prole; evitan los machos con parásitos de transmisión sexual, y consiguen genes para su descendencia que pueden librarla de los parásitos.

En el caso que acabamos de describir, la elección de la hembra se basa tan solo en el rasgo sexual del macho: el distintivo rojo; las hembras no ven los genes del macho para tener resistencia a los parásitos. Las hembras consiguen la ventaja de que esos genes con resistencia a parásitos se transmiten a su descendencia, porque esos genes mantienen una correlación con una coloración intensa. Por tanto, la coloración intensa evoluciona por selección directa, ya que está directamente favorecida por las hembras, mientras que los genes con resistencia a los parásitos evolucionan por selección indirecta, porque mantienen una correlación con rasgos sometidos a una selección directa, la coloración intensa. Los genes antiparásitos van ligados a través de las generaciones a los genes de una coloración intensa (es el efecto conocido como *autoestopismo genético*). En este caso, las preferencias de las hembras pueden evolucionar en favor de rasgos que beneficien a las hembras, aunque no sean esos los rasgos que persiguen las hembras al elegir pareja.

No es solo que múltiples rasgos del macho mantengan una correlación entre sí y evolucionen juntos; sino que también las preferencias y los rasgos pueden evolucionar de manera simultánea. Sigamos con este ejemplo en el que el distintivo intenso y los genes para tener resistencia a parásitos están correlacionados, y supongamos que la preferencia por los machos con un color más intenso no tiene ninguna influencia inmediata en el éxito reproductivo de las hembras. Esto es lo que sucede en la naturaleza, ya que las hembras de tordo sargento casi siempre ponen tres o cuatro huevos con independencia del padre elegido. Pero si las hembras consiguen canalizar hasta su descendencia esos genes con resistencia a parásitos, esos genes tan beneficiosos para la supervivencia, sus polluelos tendrán más probabilidad de alcanzar la edad adulta. Como esa descendencia porta no solo los genes resistentes a parásitos del padre, sino también los genes que prefieren el color rojo de la madre, estos dos tipos de genes serán más frecuentes en la próxima generación. Esta es una de las maneras en que la preferencia y el rasgo pueden evolucionar juntos. La preferencia evoluciona porque va unida a los genes para la supervivencia y a los genes para el color rojo, no porque la preferencia esté sometida a una selección directa. La evolución simultánea de genes beneficiosos y de preferencias por los «genes beneficiosos» es muy lógica, pero la cantidad de casos que lo confirman es pequeña en relación con el esfuerzo investigador que se ha dedicado en los últimos cuarenta años a detectar este efecto.

Gracias a Ronald Fisher conocemos otra manera en la que puede darse la selección indirecta. Pregunta a cualquier especialista en estadística sobre Ronald Fisher y te dirá que fue uno de los mayores estadísticos del siglo XX y el artífice de algunas aportaciones fundamentales, como el análisis de la varianza y el test exacto de Fisher. Pregúntale sobre las aportaciones de Fisher en el campo de la evolución, y probablemente no sabrá qué responder. De manera análoga, en el mundo de la biología evolutiva destacan las aportaciones de Fisher a la teoría sobre la razón de sexos, el análisis de la selección y su teorema fundamental sobre la selección natural, pero quienes se dedican a este campo apenas se han dado cuenta de que han estado usando algunas de las herramientas estadísticas de Fisher a lo largo de toda su formación. Fisher fue un hombre de grandes ideas, y una de las más agudas fue su teoría de la selección sexual desbocada,[4] a veces denominada *hipótesis del hijo sexi*, que es otra de las maneras en que pueden evolucionar las preferencias por selección indirecta.

En el ejemplo anterior vimos que el distintivo rojo y los genes para la resistencia a parásitos pueden evolucionar juntos. La selección sexual desbocada actúa de un modo similar. La diferencia estriba en que la preferencia de las hembras por el color rojo entra en correlación con el distintivo rojo «sexi» del macho. Cuantas más hembras prefieren el distintivo rojo, más rápido evolucionan los distintivos rojos en la población y más deprisa evolucionan también las preferencias por el distintivo rojo, porque la preferencia de las hembras por el rojo mantiene una correlación con el distintivo rojo de los machos. Toda la descendencia de los machos con el distintivo rojo sexi porta tanto los genes del distintivo rojo como los genes de la preferencia por el distintivo rojo. Este es otro caso de autoestopismo genético y ocurre sin que se dé ningún incremento de los genes que favorecen la supervivencia de la población.

Como ocurría con la evolución de la preferencia por los «genes beneficiosos», la hipótesis de la selección sexual desbocada de Fisher tiene una lógica aplastante, pero solo unos pocos estudios experimentales confirman que ha sido una fuerza importante para la evolución de la belleza sexual y de las preferencias por ella. Fisher presentó esta idea en 1930 en su libro *The Genetical Theory of Natural Selection*,[5] pero hubo que esperar otro medio siglo para que Russ Lande y Mark Kirkpatrick comprobaran matemáticamente la idea de Fisher y sentaran las bases de numerosos estudios en busca de cualquier vestigio que quedara en la naturaleza de la idea de Fisher sobre la evolución de la belleza sexual y de las preferencias por ella.[6] En la actualidad hay buenos signos de que este proceso se da en la naturaleza procedentes de estudios realizados con insectos diópsidos, también conocidos como *moscas de ojos saltones*. Esta investigación clásica revela que los genes para la longitud de los ojos y para las preferencias por los ojos saltones se heredan juntos cuando hay selección basada en la longitud de los ojos, pero no hay ninguna selección basada en la preferencia por ese rasgo.[7]

Ahora nos centraremos en el último proceso capaz de hacer que la belleza sexual coincida con la estética sexual, uno que se da cuando los pretendientes desarrollan rasgos que explotan preferencias ocultas en los electores. Volvamos al ejemplo de los tordos, pero a una época en la que los machos todavía no habían desarrollado el distintivo rojo. En algún momento aparece una mutación que causa la aparición de un distintivo rojo. De momento aún no existe una preferencia por los machos con este distintivo, pero este tiene un coste, puesto que los depredadores localizan estos machos con más facilidad. Si todo es coste y no hay ningún beneficio, esta mutación no tardará mucho en extinguirse. Ahora imaginemos que aparece una nueva fuente de alimento supernutritiva, una especie de gusano de color rojo intenso más nutritiva que los ubicuos gusanos marrones del humedal. La selección favorecerá ahora a los tordos más capaces de detectar los gusanos de color rojo. En consecuencia, cuando un macho desarrolle un distintivo rojo, llamará de inmediato la atención del resto de sus congéneres, en este momento inclinados hacia el rojo.

Ser llamativo suele ser el primer paso para conseguir pareja, pero también para convertirse en alimento de los demás. Cuando la probabilidad favorece el hecho de conseguir pareja, entonces la mutación para desarrollar un rasgo sexual llamativo debería estar favorecida dentro de la población, a pesar del riesgo que conlleva. El caso del tordo con los gusanos rojos no es más que un ejemplo imaginario, pero estudios reales de animales reales revelan que no es nada improbable.

En el capítulo anterior hablé sobre el comportamiento de copia de elección de pareja en los guppis y, dentro de ese contexto, mencioné que las hembras prefieren los machos con más color naranja. Las hembras presentan variación en cuanto a la atracción que sienten por el color naranja. Distintas poblaciones de guppis residentes en los ríos de las montañas de Trinidad presentan variación en cuanto a la intensidad de esta preferencia en las hembras y en cuanto a la cantidad de color naranja que exhiben los machos. Tal como cabría esperar, la intensidad de la preferencia de las hembras por el naranja y la cantidad de color naranja que lucen los machos mantienen una correlación en cada sistema fluvial: en los ríos donde los machos muestran abundante coloración naranja, las hembras tienen una preferencia intensa por el naranja; en los ríos donde los machos tienen una coloración más apagada, las hembras tienen una preferencia menor por el color naranja. ¿Pero qué es lo que da lugar a esta variación en la preferencia? ¿En qué se basa el gusto sexual por el color naranja?

Helen Rodd y sus colaboradores señalaron que los guppis suelen alimentarse de frutos de color naranja,[8] así que propusieron que la preferencia en la dieta es la raíz de la preferencia en los guppis por los machos de color naranja. No es que las hembras crean que los machos son frutos, sino que, según la hipótesis de estos investigadores, las hembras desarrollan una atracción gestáltica hacia el naranja que se extiende desde su preferencia alimentaria hacia su preferencia de pareja. Comprobaron esta hipótesis colocando fichas de póquer de distintos colores en las peceras de machos y hembras de guppi de diferentes poblaciones cuyas hembras mostraban diversos grados de preferencia por la coloración naranja en los machos. Por increíble que pueda parecer, el tiempo que dedicaban ambos sexos a inspeccionar las fichas de color naranja predecía la intensidad de la preferencia de las hembras por la coloración naranja de cortejo en cada población. La conclusión fue que los machos desarrollan la coloración naranja para explotar una atracción general por el naranja procedente de la dieta. Sin embargo, cabría aducir que la dirección de la causa y el efecto podría ser la inversa. Puede que las hembras desarrollaran en un principio una preferencia por los machos de color naranja que más tarde las predispusiera a preferir los frutos de color naranja. John Endler y Gemma Cole resolvieron este interrogante recreando este escenario evolutivo en el laboratorio.

El procedimiento de Endler y Cole consistió en una selección artificial de guppis para que prefirieran determinados colores en el alimento y en la comprobación ulterior de si esto daba lugar a un cambio evolutivo en el color del macho. Separaron los guppis en dos grupos o «linajes» distintos, y luego les ofrecieron un alimento adulterado de color azul o rojo. Entonces evolucionó la preferencia por el color del alimento, y las generaciones subsiguientes de ambos linajes difirieron en cuanto a sus preferencias por alimentos de color rojo o azul. El estudio de Rodd predecía una alteración correlativa en la preferencia de las hembras por el color del macho. Y eso fue justo lo que pareció ocurrir. A medida que fue evolucionando la preferencia por el alimento a través de las distintas generaciones, también lo hizo la cantidad de color naranja que exhibían los machos: aumentó en los linajes seleccionados para preferir la comida roja y descendió en los linajes seleccionados para preferir la comida azul.[9] Como es natural, los genes disponibles limitaban el cambio de color en los machos, así que no podían volverse realmente rojos o azules, pero el color naranja y el rojo estimulan patrones muy parecidos de fotorreceptores, mientras que el color azul difiere mucho de ellos. El único agente obvio capaz de causar un incremento en la coloración del macho durante este experimento es la preferencia de las hembras. Estos resultados experimentales parecen consolidar la interpretación anterior de Rodd y sus colegas: las preferencias por los frutos de color naranja dan lugar a preferencias por machos de color naranja.

Cuando observamos la belleza sexual y las preferencias que la favorecen, solo vemos el presente, la punta de las largas ramas del árbol de la vida que lleva milenios evolucionando. Sin más información procedente de concienzudos experimentos como el recién comentado no hay manera de vislumbrar los procesos pretéritos que dieron lugar a esta correlación. La flecha de causalidad entre rasgos y preferencias puede apuntar en cualquier sentido, y en algunos casos incluso en ambos. Estos tres procesos evolutivos distintos pueden acabar llegando a un mismo resultado por razones muy diferentes.

* * *

Nada es gratis en el mercadillo sexual. Con independencia de cómo evolucionen los rasgos y las preferencias, siempre conllevan costes y deparan beneficios. Es la relación entre el coste y el beneficio (y cómo varía con el tiempo) lo que determina el legado, lo que quedará después. Dada la relación entre el coste y el beneficio que se da con la explotación sexual de las preferencias ocultas, podría tratarse de un proceso especialmente fácil de desencadenar. Permíteme que fundamente esta afirmación. Una característica de los rasgos con atractivo sexual es que tienen un coste.

Ya sea la vistosa cola de un pavo real o los intensos colores de un guppi, lo habitual es que cueste más energía generar estos rasgos, que cueste más tiempo mantenerlos, y que resulten más llamativos a depredadores que otros tipos de rasgos. En el ejemplo de la evolución del atractivo distintivo rojo de los tordos, cualquier mutación que produzca el distintivo rojo desaparecería con rapidez de la población si atrae a los depredadores antes de resultar atractivo para las hembras. Esto ocurrirá con frecuencia: una mutación da lugar a un rasgo sexual llamativo, pero se extingue mientras espera a que se produzca una mutación en el gen de preferencia que considerará ese rasgo atractivo y, por tanto, beneficioso. Pero si hay preferencias ocultas, entonces cuando surja un rasgo como el distintivo rojo, tendrá el mismo coste, pero no hay ningún riesgo de que tenga que esperar a que se produzca una mutación en la preferencia: el beneficio lo proporciona de inmediato la preferencia antes oculta y ahora descubierta. Por tanto, dada una misma mutación para un rasgo atractivo, ese rasgo tendrá más probabilidad de evolucionar si ya existen preferencias ocultas por él.

Las preferencias ocultas influyen en la evolución de los rasgos sexuales, pero ¿a qué se debe la evolución de las preferencias ocultas? Hay numerosas causas. A menudo surgen por una selección basada en los sistemas sensoriales, perceptuales y cognitivos en otros campos. La selección de preferencias por un color en el terreno de la comida (como los ejemplos de los guppis, o el de las mojarras y de los tilonorrincos que comentamos en el capítulo cuatro) revelan que la selección en los sistemas sensoriales en el campo de la alimentación da lugar a preferencias ocultas en los colores de cortejo de los machos. Otra posibilidad guarda relación con la selección para identificar correctamente el sexo de los individuos, lo que en el diamante mandarín genera preferencias ocultas que pueden deberse al efecto de desplazamiento del máximo, tal como se vio en el capítulo tres. En la mayoría de los casos esperamos que el origen de las preferencias ocultas consista en una respuesta adaptativa al mundo circundante que ejerce una influencia casual en las percepciones de la belleza, más que responder a una consecuencia inmediata de la selección y la evolución.

Las preferencias ocultas casi siempre estarán relacionadas con ventajas adaptativas en otros terrenos. Por tanto, para calcular los costes y los beneficios evolutivos de una preferencia oculta hay que tener en cuenta no solo cómo repercute en el éxito reproductivo del elector, sino también qué relación mantiene con las funciones en otros terrenos que influyen en la adecuación biológica del elector. Regresemos a los guppis e imaginemos que los machos más anaranjados atraen más parásitos, y que, al cortejar un macho más naranja que el resto, la hembra tiene una probabilidad mayor de ser parasitada a su vez. Si no obtiene ningún otro beneficio de su apareamiento con el macho más naranja, cabría suponer que la manifestación de esta preferencia oculta por machos especialmente anaranjados es maladaptativa, puesto que todo son costes sin ningún beneficio. Y, de manera análoga a lo que ocurría cuando un rasgo sexual nuevo carece de los beneficios que ofrece una preferencia, una preferencia oculta recién salida a la luz que solo conlleve costes también debería extinguirse. Pero, si las preferencias por el color de la comida y de la pareja están íntimamente relacionadas, entonces para valorar en su justa medida los costes y beneficios en cuanto a eficacia biológica de la preferencia oculta habrá que tener en cuenta también los beneficios de esta inclinación hacia el naranja en el terreno de la alimentación. El rasgo que conlleva costes y beneficios no es tan solo la «preferencia por machos más naranjas», sino «la inclinación hacia el color naranja en general». Esto recuerda al comportamiento de las abejas de las orquídeas que comentamos en el capítulo tres. Parece verdaderamente estúpido y ciertamente maladaptativo que un animal se aparee con una planta, hasta que analizas esta perversión dentro del contexto de la estrategia de búsqueda de pareja de la abeja. Como es difícil toparse con una hembra, es mejor que el macho esté demasiado ansioso por aparearse, y a veces lo haga con una flor, que a que se muestre demasiado receloso para aparearse y pase por alto a alguna hembra con la que se cruce.

Sin embargo el estudio de la evolución del comportamiento de cortejo en términos de rasgos que *explotan* preferencias ocultas induce a pensar que estas inclinaciones son maladaptativas. De hecho, son pocos los ejemplos conocidos, si es que hay alguno. En cambio, el caso contrario se da con frecuencia: una vez que se manifiestan preferencias ocultas, ofrecen más beneficios que costes para el elector. ¿Cómo puede ser? Lo más probable es que las preferencias ocultas reduzcan el coste de la búsqueda para los electores.[10] Los pretendientes que explotan estas preferencias suelen hacerlo porque los vuelven más llamativos para los electores; por ejemplo, se ven con más facilidad en el caso de los guppis, de las mojarras y de los cangrejos violinistas, y se oyen mejor en el caso de muchas ranas, insectos y aves canoras. En el ejemplo del cangrejo violinista, las hembras ven con más facilidad a los machos que erigen torres junto a sus madrigueras, porque su estructura ocular las hace especialmente sensibles a los objetos que sobresalen de la superficie en vertical. Además de ser una extensión del fenotipo sexual del macho, las torres también guían a las hembras hasta un refugio donde guarecerse de los depredadores.[11]

Los machos que explotan estas preferencias no solo se perciben con más facilidad; sus rasgos sexuales también sirven para acelerar la elección de pareja y para favorecer recuerdos más largos de las señales. Las hembras de rana túngara eligen pareja más rápido cuando deben decidir entre un gemido con chasquido y un gemido, que cuando se ven en la obligación de elegir entre dos gemidos. Además, las hembras también recuerdan mejor la localización de un gemido con múltiples chasquidos que el lugar donde se encuentra un canto consistente únicamente en un gemido o en un gemido con un único chasquido.[12] Mi compañera Molly Cummings y yo revisamos recientemente cientos de ejemplos de machos que han desarrollado rasgos sexuales para explotar preferencias ocultas. En la mayoría de los casos, estas preferencias parecen facilitar, más que obstaculizar, la localización de una pareja, con lo que reducen el tiempo necesario para la búsqueda.[13]

El mercadillo sexual es un lugar peligroso, pero al mismo tiempo inevitable. Es el único lugar donde se puede adquirir pareja, pero también está lleno de depredadores en busca de alimento y de parásitos que buscan alojamiento. Cuanto más deprisa salga de ahí el consumidor sexual, menos probabilidad habrá de que se convierta en consumido. Así que tal vez no sea tan malo que otros exploten tus preferencias ocultas, de hecho hasta podría resultar muy beneficioso.

* * *

He mencionado unos pocos ejemplos de rasgos que han evolucionado para explotar preferencias ocultas. Pero lo especialmente interesante en mi opinión estriba en las preferencias ocultas por rasgos que no solo están ausentes en la especie en cuestión, sino también en otras especies con un parentesco cercano a ella, rasgos que han sacado a la luz los estudiosos en lugar de la evolución. Estos casos revelan que en el paisaje de las preferencias hay muchísimas que permanecen ocultas esperando a que alguien las explote. Es esta labilidad del paisaje de la preferencia lo que otorga al cerebro del elector un poder tan creativo para impulsar la evolución de la belleza sexual.

La ornitóloga Nancy Burley dirigió algunos experimentos pioneros y esclarecedores sobre preferencias ocultas. Cuando se instala a las aves en pajareras es difícil seguir la pista de cuál es cuál. Una solución consiste en colocar anillas en las patas de las aves y, si las anillas son de distintos colores, entonces se puede identificar a los pájaros sin necesidad de manipularlos. En el medio natural, el diamante mandarín no porta anillas en las patas, así que Burley se quedó impactada al descubrir que las anillas de las patas alteraban el atractivo de ambos sexos. Los machos se sienten más atraídos por las hembras adornadas con anillas negras y rosas, y no les atraen nada las hembras con anillas de color azul claro o verde claro. Por su parte, las hembras prefieren los machos con anillas rojas y también evitan los machos con anillas de color azul claro o verde claro. Aparte de ofrecer una de las primeras ventanas para conocer las preferencias ocultas, el estudio de Burley fue relevante porque reveló que las investigaciones sobre el éxito reproductivo de las aves en cautividad pueden estar sesgadas por el empleo de anillas en las patas. Burley llevó un poco al extremo sus experimentos. Adornó machos de diamantes con algo parecido a «sombreros de fiesta». Algunas especies de aves tienen crestas que consisten en plumas más largas situadas en la cabeza, pero hay 120 especies de diamantes y ninguna de ellas tiene cresta. Sin embargo, al colocar plumas más largas en la cabeza de los machos de dos especies de diamantes, resultaron estar más ridículos para nosotros, pero sexualmente más atractivos para las hembras que los machos convencionales de esas especies.[14]

Otros estudiosos han utilizado este mismo método de añadir rasgos nuevos a los machos en busca de preferencias ocultas en las hembras. El pez mosquito se ha introducido en todo el mundo como agente de control biológico de los mosquitos, ya que, como sugiere su nombre, las larvas de mosquito constituyen una parte fundamental de su dieta. En Australia, un país desgraciadamente conocido por sus esfuerzos fallidos para el control biológico, como la introducción del sapo marino, el experimento de introducir el pez mosquito fracasó porque este animal desbancaba a otros depredadores naturales del mosquito. Al igual que el sapo marino, el pez mosquito se considera ahora una plaga en Australia. Estos peces no tienen ningún colorido ni nada interesante. Los machos son pequeños, de tan solo unos pocos centímetros de largo, y no exhiben ningún rasgo o comportamiento especial de cortejo. Los machos cuentan con un órgano sexual llamado *gonopodio* que usan para inseminar a las hembras. Viene a ser como un pene, aunque en muchos aspectos no se parece en nada a un pene. Es una aleta alargada y modificada con una acanaladura en la parte exterior. El esperma recorre esa acanaladura y penetra en el cuerpo de la hembra cuando el macho introduce en ella ese apéndice. Salvo por el gonopodio, los machos invierten muy poco en el sexo; no exhiben los colores llamativos de los guppis ni los ornamentos sexuales de los peces cola de espada. Pero... ¿y si los tuvieran?

Este es el interrogante que se plantearon el etólogo Jim Gould y sus colaboradores. A lo largo de veintinueve experimentos independientes, presentaron a las hembras de pez mosquito modelos de machos de su misma especie manipulados de mil maneras: con la aleta caudal alargada, con la aleta dorsal modificada como la de un tiburón, con cola de espada, teñidos de negro, moteados y blanqueados. En casi todos los casos las hembras mostraron preferencias por los machos singulares, novedosos y extravagantes.[15] Puede que los machos reales sean conservadores en cuanto a sus estrategias de belleza sexual, pero en el fondo de su ser, en su yo más íntimo, las hembras anhelan cualquier cosa menos moderación; están llenas de preferencias ocultas. Lo mismo sucede con la rana túngara. Aunque los machos han superado a sus parientes cercanos incorporando chasquidos a su canto (una sílaba increíblemente atractiva que cuando acompaña a su canto aumenta un 500% el atractivo del macho), la mayoría de los deseos acústicos de las hembras permanecen sin satisfacer. En una serie de 31 experimentos bastante parecidos a los de Gould dirigidos por nosotros manipulamos el canto de los machos de gran variedad de maneras, como, por ejemplo, sustituyendo el chasquido por toques de ruido blanco, por reclamos de otras especies, y hasta por campanas y silbidos. Igual que Gould, nosotros también descubrimos una promiscuidad fascinante de preferencias.[16] Muchos de aquellos accesorios acústicos resultaron atractivos a las hembras, incluso las campanas y los silbidos. En el momento en que la evolución dio lugar al chasquido tuvo la suerte de explotar una preferencia oculta, pero ahora sabemos que el atractivo de ese rasgo nuevo no era algo excepcional. Muchos tipos de sonidos habrían funcionado igual de bien; la suerte del chasquido radicó en que fue el primero en aparecer.

La evolución de la belleza sexual se asemeja en muchos casos a la experimentación de un artista con la pintura sobre un lienzo o a la de un músico cuando juguetea con combinaciones nuevas de compases y acordes. Prueban a dar con algo que conecte con la estética de su público. En los tres casos se trata de procesos creativos. Los tres nos envuelven en belleza explorando el interior de nuestro cerebro para detectar justo lo que consideraremos bello.

* * *

¿Y qué hay de nosotros? ¿Adoptamos rasgos sexuales que explotan preferencias sexuales ocultas? Por supuesto que sí, y lo hacemos con gran facilidad, sobre todo porque somos capaces de combinar formas, imágenes y escenarios sexuales. Los sectores económicos dedicados a la estética sexual humana crean estímulos artificiales (igual que la producción de perfumes) y comprueban con rapidez cuáles de ellos concuerdan con las preferencias de los consumidores, ya sean preferencias ocultas o claras como el agua. Acabaré este capítulo con dos ejemplos interesantes de cómo hacen esto los mercados. El primero de ellos es interesante y gracioso; el otro es inquietante.

Veamos en primer lugar el ejemplo simpático: la muñeca que se ha convertido en icono de la cultura occidental. Tengo seis hermanas menores y dos hijas; durante gran parte de mi vida siempre han existido las Barbies. Aunque la Barbie no es un juguete sexual, hay quien afirma que representa un estándar nada realista de la belleza sexual de las mujeres. Barbie se está haciendo vieja, pero no ha envejecido ni un solo día desde su nacimiento, el 9 de marzo de 1959, cuando hizo su debut en la Feria Internacional del Juguete en la ciudad de Nueva York. Algunas culturas tienen problemas con la Barbie porque consideran que difunde una idea sexista sobre el lugar que tiene la mujer en la sociedad. Pero mucha gente la considera bonita; sugiere juventud y fertilidad. La Barbie es alta y delgada; sus pechos prominentes indican que ha alcanzado la madurez sexual; su frescura atestigua su juventud, y su largo y espléndido pelo es un signo de lozanía. Puede que alguien piense que es tan bella que llega a ser irreal, y estaría en lo cierto. La muñeca Barbie es un estímulo supranormal con unos rasgos tan exagerados que la sitúan en el terreno de lo irreal, tal como muchos han señalado ya: es una impostora.

Barbie solo mide un sexto de lo que mediría si fuera una persona de verdad, así que ahora la pondremos a tamaño real para compararla con la realidad. Algunos parámetros físicos de Barbie coinciden con el promedio. La circunferencia de la cabeza (56 cm) viene a ser lo normal, y el pecho se sitúa algo por debajo de las tallas más pequeñas (81 cm frente a 89 o 91 cm). Pero casi todas las demás medidas son enanas comparadas con las de una mujer promedio. Decir que son chiquititas es quedarse cortos. La cintura (unos 40 cm) y las caderas (74 cm) son diminutas y le confieren una relación entre cintura y cadera de 0,54, un valor minúsculo comparado con la proporción que mantienen las mujeres occidentales de verdad (que en promedio rondan el valor de 0,80) y muy inferior a la proporción de 0,71 que muchos hombres encuentran más atractiva que el promedio, tal como se dijo en el capítulo siete. El cuello, las muñecas, los antebrazos, los tobillos y, sobre todo, los muslos son como palillos. Una Barbie a tamaño real no serviría para nada en el mundo de verdad. El cuello superdelgado y extralargo no le permitiría mantener la cabeza erguida; la cintura diminuta únicamente admitiría alojar medio hígado y unos cuantos centímetros de intestino; y sus pies minúsculos, sus tobillos escuálidos y la descompensación de la abultada parte superior la obligarían a andar a cuatro patas.[17] Y, a pesar de esta disfuncionalidad, muchas personas la siguen considerando bella, ¡una auténtica muñeca! Esto tal vez extrañe hasta que reflexionamos sobre algunos de los paralelismos que mantiene la muñeca de juguete con mujeres reales de carne y hueso.

Según la revista *Forbes*, Gisele Bündchen ganó 42 millones de dólares en el año 2013, lo que la convirtió en la supermodelo más cotizada del mundo en aquel momento.[18] El dinero demuestra que mucha gente del mundo occidental considera superatractivas a las supermodelos. Por supuesto, las supermodelos no se corresponden con la mujer occidental típica. Las supermodelos suelen medir 1,75 m de altura y tener 48 kilos de peso, lo cual difiere bastante del promedio de mujer occidental no súper, que suele medir 1,60 m y pesar 75 kg. Las supermodelos existen, pero escasean. Sin embargo, desfilan constantemente por los medios de comunicación de masas para que todos podamos admirar su belleza, comprar los productos que ellas venden y dejarnos seducir para que nos convenzan de que su belleza es normal. De hecho, su modalidad de belleza parece tirar de una preferencia oculta por cuerpos tipo Barbie (por mujeres con una longitud y una delgadez excepcionales), una predilección encubierta que tal vez deba su existencia a nuestra biología, a nuestra cultura, o a alguna combinación de ambas cosas.

Las preferencias ocultas, como la hipotética preferencia por las Barbies, están sometidas al radar de la selección. Tal como he mencionado antes, si la preferencia oculta va en detrimento del elector una vez que se manifiesta, entonces la selección debería eliminarla. Una preferencia por una mujer tipo Barbie no habría perdurado en una sociedad preindustrial, como el «entorno de adaptación evolutiva» de la época del Pleistoceno cuando se forjaron muchas de nuestras conductas actuales, según los especialistas en psicología evolutiva.[19] Incluso aunque lograra sobrevivir escabulléndose por ahí a cuatro patas con la limitación de medio hígado y apenas sin intestinos, el canal del parto habría sido demasiado estrecho para dejar pasar un recién nacido. Cuando Barbie se extinguiera, con ella se desvanecería también cualquier preferencia por ella como pareja.

Pero no vivimos en el Pleistoceno, y las preferencias ocultas por estímulos sexuales supranormales ya no acechan en la clandestinidad. Hoy podemos acceder a una amplia gama de estímulos sexuales con tan solo pulsar el ratón del ordenador. Este simple gesto saca a la luz esas preferencias ocultas y capta esos intereses para mantener un sector comercial que mueve 10.000 millones de dólares. Bienvenidos a la pornotopía.

* * *

La *pornotopía*, un término actual que se usa para referirse a la pornografía de la Inglaterra victoriana, es un mundo imaginario de estímulos sexuales supranormales creado sobre todo para hombres.[20]

Este universo de fantasía está poblado por mujeres que rebosan sexualidad. Suelen ser jóvenes cuya edad parece caer justo dentro de «la legalidad», de largos cabellos y piernas, piel inmaculada, labios carnosos y un talle inalterado por embarazos. Son mujeres reales, aunque algunas de sus partes pueden ser artificiales, pero no entran en absoluto dentro de la normalidad, ya que están tomadas de los extremos de la distribución de aspectos de las mujeres reales. Pero su apariencia no es lo único extremo, sino que también su comportamiento sexual se aparta de la media. Tal como lo describe Catherine Salmon: «El sexo en la pornotopía tan solo busca la diversión y la satisfacción física, no hay cortejo, ni compromiso, ni esfuerzos para seducir, ni relaciones duraderas. En la pornotopía las mujeres ansían tener sexo con extraños, se excitan con facilidad y siempre son orgásmicas».[21] La pornotopía es el lugar perfecto para que los hombres pongan en práctica la mayoría de las estrategias masculinas de apareamiento más elementales que señalamos en el capítulo uno: cantidad en lugar de calidad, frecuencia de apareamiento y delegar en las hembras toda la inversión en la descendencia.

El consumo excesivo de pornografía se considera un comportamiento sexual compulsivo, pero, según el *DSM-5*, la última versión del *Diagnostic and Statistical Manual of Mental Disorders*,* no es una adicción.[22] Es, sin lugar a dudas, un fetichismo sexual que, según lo definió L. F. Lowenstein en la revista *Sexuality and Disability*, es fácil de reconocer en cuanto lo ves: «Un fetichismo sexual se identifica por la utilización de un objeto inanimado como método exclusivo o preferido para obtener satisfacción sexual».[23] Creemos que la mayoría de los animales es más utilitaria que nosotros; reservan el sexo para la función para la que evolucionó: la reproducción. Así que me sorprendí mucho cuando oí a un psicólogo de mi propia universidad, Michael Domjan, dar una conferencia sobre el condicionamiento sexual de codornices con la que puso de manifiesto que otros animales también pueden desarrollar fetichismos sexuales.

Las codornices son sujetos idóneos para la investigación sexual. Requieren unos cuidados sencillos y baratos, responden bien en los experimentos, y les gusta tener sexo. La mayoría de los machos

---

* Versión en castellano: *DSM-5. Manual Diagnóstico y Estadístico de los Trastornos Mentales*, 5.ª edición de la Asociación Estadounidense de Siquiatría (APA); Ciudad de México: Editorial Médica Panamericana, 2014, VV. TT. (*N. de la T.*)

de las aves carece de pene o de cualquier otra clase de órgano intromitente, de modo que el sexo consiste en un beso cloacal en lugar de la inserción de un pene. Tienen que subirse a lomos de la hembra y unir ambos orificios cloacales para que el macho «inyecte» un poco de esperma en el tracto reproductivo de ella. No pierdas de vista este detalle de la biología aviar mientras analizamos el lado oscuro del sexo de las codornices.

Domjan usó el condicionamiento pavloviano para profundizar en el universo de pornotopía de las codornices.[24] Probablemente todos necesitamos recordar cómo funciona el condicionamiento pavloviano; empecemos por un chiste: Pavlov entra en un bar; el camarero toca el timbre que hay sobre el mostrador, lo que significa que es la hora de la última ronda, y Pavlov exclama entonces: «¡Olvidé dar de comer a mi perro!». Por si el chiste no te ha refrescado la memoria sobre el clásico experimento de Pavlov sobre el condicionamiento clásico, funciona de la siguiente manera. Los perros suelen salivar cuando saben que les van a dar de comer. En sus experimentos Pavlov hacía sonar un timbre y después daba comida al perro. El perro salivaba. Pavlov siguió el mismo procedimiento hasta que el timbre hacía que el perro salivara como respuesta al sonido que anticipaba la comida. En el momento en que pasa esto, el perro ya está condicionado. En esta clase de experimentos, el timbre es el estímulo condicionado (EC), un estímulo artificial, experimental; la comida es el estímulo natural incondicionado (EI) o no condicionado. Y la respuesta de la salivación ante la comida es la respuesta natural incondicionada (RI) o no condicionada. El objetivo del experimento consiste en condicionar al sujeto de tal manera que el EC provoque la RI: que el simple hecho de oír el timbre ya haga salivar al perro. Los estudios de seguimiento permiten determinar la intensidad de la asociación del EC y la RI una vez adquirida analizando cuánto tarda en extinguirse dicha asociación; ¿durante cuántos ensayos más seguirá salivando el perro al oír el timbre sin que aparezca la comida?

Pero regresemos a las codornices. Domjan y sus colaboradores colocaron un macho de codorniz en un recinto cerrado y le presentaron un objeto de trapo sobre un cilindro vertical y relleno de fibras mullidas de poliéster: algo parecido a un juguete sexual. Este es el EC. Le mostraron el EC durante treinta segundos y a eso le siguió de inmediato la presentación de una hembra de carne y hueso, el EI, durante cinco minutos, un tiempo más que suficiente por lo común para que la pareja se aparee. El condicionamiento se dio cuando el macho se acercó e interaccionó con el EC antes de encontrarse con la hembra. Se efectuaron treinta pruebas de condicionamiento que fueron seguidas de treinta pruebas de extinción en las que los machos tuvieron acceso al juguete sexual, pero no a las hembras.

Estos experimentos de condicionamiento sexual funcionaron; tras unas seis pruebas, todos los machos estuvieron condicionados; manifestaron la RI de acercarse e inspeccionar el objeto de trapo. Pero el resultado sorprendente fue que casi la mitad de los machos intentó copular con el objeto inanimado: habían desarrollado un fetiche sexual. Este juguete sexual no se parecía en nada a una hembra, salvo en que era mullido; no tenía ningún orificio que pudiera asemejarse a una abertura cloacal para acoger el beso cloacal del macho. Y aun así infundía en muchos de los machos un comportamiento de apareamiento.

Las pruebas de condicionamiento fueron seguidas entonces de pruebas de extinción. Igual que antes, se expuso a los machos al juguete sexual, pero ese estímulo no se reforzó jamás con la presentación posterior de hembras de verdad. En estos ensayos, la mayoría de los machos acabó dejando de interaccionar con el objeto de trapo, pero los machos que habían desarrollado un fetiche sexual no manifestaron ningún descenso en el apetito sexual por el juguete. El objeto de juguete se convirtió en el objeto sexual de por sí, o más exactamente en un fetiche sexual. Los machos lo valoraban no porque presagiara un medio para la satisfacción sexual (una hembra de verdad), sino porque él mismo se había convertido de por sí en un medio para la satisfacción sexual.[25] Este conjunto de experimentos de Domjan y sus colaboradores no desvelaba ninguna preferencia oculta, como muchos de los experimentos que acabamos de mencionar aquí, sino que generaba una preferencia nueva, en este caso una tendencia maladaptativa en la que la preferencia por un fetiche perdura incluso cuando deja de estar asociado a una pareja sexual real, de carne y hueso.

Los experimentos con codornices no analizaron los procesos neuroquímicos subyacentes al desarrollo de fetiches sexuales. Pero estos experimentos permiten hacerse una idea de cómo podrían desarrollarse las ansias compulsivas de pornografía en humanos. En el caso del ser humano, los procesos neuroquímicos subyacentes están empezando a explorarse ahora.

Tenemos alguna idea sobre qué efectos causa la pornografía en el cerebro. En el capítulo tres expliqué la diferencia entre gustar y desear. El sistema de recompensa de la dopamina es el que nos hace desear lo que nos gusta. Tal como señalamos en ese capítulo, los ratones se lamen los bigotes cuando les gusta una comida. Si bloqueas sus receptores de dopamina siguen manifestando el mismo grado de satisfacción que un ratón normal como respuesta a una golosina de azúcar, pero no están dispuestos a trabajar para conseguir más azúcar. Les gusta el azúcar, pero no lo desean. El cerebro humano está afinado para el sexo: nos gusta y lo deseamos.

Un experimento ingenioso con humanos reveló que el gusto y el deseo se pueden desligar cuando contemplamos belleza sexual. Se pidió a hombres que clasificaran las imágenes de rostros masculinos y femeninos en un ordenador de acuerdo con su atractivo. Después les permitieron ver las caras que quisieran. Clasificaron el atractivo facial de ambos sexos (el gusto), pero después dedicaron más tiempo a ver caras de mujeres atractivas (el deseo). Los resultados conductuales se complementaron con estudios de activación cerebral mediante imágenes por resonancia magnética funcional (IRMf); los sujetos de estudio manifestaron un aumento de la actividad en las áreas del cerebro asociadas con el sistema de recompensa de la dopamina durante la fase del «deseo», comparada con la actividad durante la fase del «gusto».[26]

El sistema de recompensa de la dopamina es un mecanismo adaptativo para que los animales deseen cosas beneficiosas para ellos en un sentido darwiniano. Al parecer, el sistema de recompensa solo se ha explotado en humanos; el juego, la comida, las drogas y el sexo tienen la capacidad de secuestrar este sistema y llevar a muchos a la perdición convirtiéndolos en adictos. El sexo tal vez sea la actividad que explota con más facilidad el sistema de recompensa porque, tal como señaló J. R. Georgiadis en un artículo publicado en *Socioaffective Neuroscience and Psychology*, el orgasmo sexual provoca la recompensa natural dopaminérgica más potente en el sistema nervioso humano.[27] La potencia de este estímulo positivo es tal que se entiende que exista la adicción a la pornografía y que sea tan fácil caer en ella.

Tanto hombres como mujeres consumen pornografía, y lo hacen por razones que pueden considerarse positivas (como conocer mejor la sexualidad) y negativas (como la ansiedad interpersonal). Muchos estudios revelan que los hombres recurren más a menudo a la pornografía, son más dados al porno duro y tienen más probabilidad de ser consumidores compulsivos de esta.[28] Gran parte de los estudios y debates sobre el uso compulsivo de pornografía analiza este problema en hombres, y ahí es donde centraré mi exposición.

A muchos hombres les gusta la pornografía porque es un estímulo supranormal, igual que a las polillas les gustan las concentraciones supranormales de feromonas sexuales y las alas que se mueven a velocidades supranormales. Mientras ve pornografía el hombre suele masturbarse y tener orgasmos y con ello obtiene una dosis de dopamina insuperable. Esta carga neuroquímica refuerza la saliencia incentiva de las imágenes pornográficas; hace que a los hombres no solo les guste la pornografía, sino que quieran más. Desarrollan un fetichismo sexual atribuible a una combinación de la atracción inicial por un estímulo supranormal y el refuerzo positivo debido al orgasmo y a la estimulación resultante del sistema de la dopamina. El gusto conduce al deseo, y, en algunos casos, el deseo conduce a la compulsión, y, a pesar de lo que afirma el *DSM-5*, se parece mucho a una adicción. En los casos más extremos, esta compulsión da lugar a síndromes asociales o antisociales donde la vida en la pornotopía reemplaza a la realidad.

La pornografía no solo puede llegar a convertirse en el objeto de los deseos sexuales de una persona, también puede enseñarnos de qué manera exteriorizar esos deseos. La pornografía se está convirtiendo en uno de los canales principales de educación sexual. Y, en consecuencia, podría configurar las neuronas del cerebro que nos dicen cómo se practica el sexo. El porno ha reemplazado a los vestuarios y la asignatura de educación para la salud como transmisor de conocimientos sobre «la cigüeña que viene de París». Antes de tener un acceso fácil y amplio al porno, pocos adolescentes reciben información de primera mano sobre gran variedad de actos sexuales. Los expertos de los vestuarios de antaño, a menudo apenas unos pocos años mayores que sus «pupilos», tal vez supieran de primera mano cómo dar un beso, cómo meter mano y cómo pasar de la primera a la segunda y hasta a la tercera base; pero sus conocimientos eran limitados. No, en cambio, el porno de Internet, que no solo está plagado de un montón de actividades sexuales, sino que además ofrece muestras gráficas sobre en qué consisten y cómo realizarlas, dejando poco espacio a la imaginación.

En un ensayo publicado en la revista *Brain and Addiction*, Donald Hilton profundiza en esta idea de la pornografía como estímulo supranormal y plantea otra cuestión relacionada con las «neuronas espejo».[29] Las neuronas espejo son neuronas visualmotoras que se descubrieron por primera vez en la corteza prefrontal de primates. Estas neuronas se activan cuando un mono realiza una acción determinada, pero también cuando ve a otro realizar esa misma acción. Una de las funciones de las neuronas motoras consiste en favorecer la imitación, el patrón con el que se activan las neuronas espejo al observar la acción puede actuar como una plantilla sobre cómo deberían activarse cuando un individuo realiza ese mismo patrón motor. Otra de sus funciones guarda relación con la «interpretación de una acción». Cuando las neuronas motoras se activan al observar una acción particular, el observador asigna un significado a esa actuación basado en lo que estaría haciendo el observador para producir el mismo patrón de activación. Cuando veo a alguien mover un bate de béisbol, las neuronas espejo que se activan en mi cerebro son las mismas que se activan cuando yo manejo un bate. De modo que sé perfectamente lo que estoy viendo.

En ciertos estudios se proyectan vídeos pornográficos mientras se toman imágenes con resonancia magnética funcional de áreas del cerebro que contienen neuronas espejo. Los estudios revelaron un aumento de la actividad neuronal en los sujetos participantes cuando lo que veían estaba relacionado con las emociones sexuales potenciadas y con erecciones del pene. Aunque estos estudios demuestran una correlación y no una causalidad, sí sugieren la posible relevancia de las neuronas espejo tanto para aprender a imitar como para aprender el significado de las acciones sexuales. Dada la naturaleza cada vez más violenta y denigrante de algunas formas de pornografía, Hilton manifiesta su preocupación por los «efectos emocionales, culturales y demográficos negativos» que puede ejercer la pornografía en diversas redes del sistema neuronal implicadas en el aprendizaje y la comprensión de cómo interaccionar de forma adecuada con una pareja sexual. Una consecuencia inquietante de este negocio multimillonario es que la pornografía podría crear plantillas neuronales que redefinan en el cerebro cuál es el comportamiento sexual normal.

Debemos señalar que aún hay cierta controversia acerca de la función real de las neuronas espejo, en especial sobre la función e incluso la existencia de neuronas espejo en humanos.[30] Pero, si la pornografía influye en la idea que tiene un individuo sobre cómo se supone que debe ser el sexo, entonces la inquietud de Hilton sigue teniendo vigencia con independencia de si en ello intervienen o no neuronas espejo. Este último apartado también induce a pensar que Naomi Wolf fue bastante clarividente al afirmar hace más de una década que «por primera vez en la historia de la humanidad, el poder y la seducción de las imágenes han suplantado la contemplación de mujeres desnudas de verdad. Hoy las mujeres desnudas reales no son más que porno del malo».[31]

Parece evidente que hoy en día los estímulos supranormales, las preferencias ocultas y los circuitos neuronales del gusto y el deseo conspiran juntos para fomentar el negocio de la pornografía. Los resultados son análogos a lo que ha ido sucediendo con la evolución de la belleza sexual a lo largo de milenios. Pero, en lugar de que los pretendientes desarrollen rasgos que condicionen las preferencias sexuales de los electores, la humanidad dispone de sectores comerciales enteros (que incluyen la pornografía, aunque no se limitan solo a ella) que invierten en crear estímulos para nuestra estética sexual dentro de un espacio de tiempo que ya no es evolutivo, sino cultural. Recuerda esto la próxima vez que oigas el trino de los pájaros, que veas la luz de una luciérnaga o que una supermodelo te anuncie un producto que en realidad no necesitas.

Epílogo

Estamos rodeados por todas partes de belleza con una diversidad apabullante. Gran parte de esta diversidad existe porque la belleza accede a nuestro cerebro sexual a través de varias modalidades sensoriales, lo que lleva al límite nuestra capacidad para establecer comparaciones: no podemos ordenar de forma objetiva la belleza de un baile, una canción y una fragancia. La diversidad de la belleza no es menos impactante dentro de un solo dominio sensorial: el popurrí de colores de muchos peces y los repertorios vocales de las aves canoras resultan igualmente abrumadores. Dada toda esta diversidad es obvio que no existe un ideal único de belleza platónica. Esto es así dentro de nuestra propia especie, pero también en cientos de miles de especies más que tienen una reproducción sexual. La diversidad de la belleza proviene de la diversidad con que las distintas especies, y hasta individuos de la misma especie, perciben el mundo circundante. La estética sexual, tanto en el ser humano como en otras especies, no viene impuesta desde arriba, sino que se genera desde dentro, en concreto desde el interior del cerebro. Somos nosotros quienes definimos la belleza, y no se puede entender la existencia de la belleza ni nuestro gusto por ella sin interpretar la belleza a través del cerebro del receptor. Como mínimo confío en haberte convencido de esto.

Las ciencias que estudian el cerebro, que abarcan la neurociencia, la psicología y varias especialidades médicas, están dando pasos sorprendentes para crear lo que se ha dado en llamar el *nuevo siglo del cerebro*. A menudo la relación entre el cerebro y la evolución se establece *a posteriori*. Cuando los estudiosos se plantean ambas cosas a la vez, suele ponerse el foco en cómo ha evolucionado el cerebro para ser como es. Con independencia de la especie estudiada, esta siempre es una pregunta fascinante, pero también lo es plantearse cómo influye el cerebro en la evolución. Este libro expone una de las maneras en que eso sucede.

He analizado cómo repercute el cerebro en la evolución de la belleza. Pero lo he hecho sobre todo en un caso particular: cuando los electores valoran a los pretendientes para elegir una pareja heterosexual. Pero ciertamente los comportamientos sexuales son más diversos que los que he expuesto yo aquí. La mayoría de los ejemplos utilizados son de hembras que eligen macho, o de una valoración mutua entre machos y hembras. Aunque he mencionado algunos machos que eligen hembra, no he profundizado mucho en los factores que invierten esta ecuación a partir de la forma más típica de hembras que eligen machos. En el ámbito de la biología se sabe por qué ocurre esto, solo que no era ese el tema de este libro.

Tampoco he hablado de parejas homosexuales, un fenómeno que no está limitado al ser humano. Hay muchos interrogantes atractivos en este campo, pero es fácil que nos planteemos las preguntas incorrectas si consideramos la heterosexualidad y la homosexualidad como dos categorías invariables en lugar de dos extremos del espectro de la preferencia sexual. Aun así, sería interesante saber si los individuos «homosexuales» valoran la belleza en individuos de su mismo género usando los mismos parámetros que los miembros del género opuesto emplearían para evaluar la belleza de esos mismos individuos. Y, en caso de que no, ¿por qué no? El estudio de la evolución de la belleza sexual dentro de un paradigma de emparejamientos heterosexuales es importante, pero no es el único posible.

Por supuesto, la belleza no se limita a la belleza sexual. La perspectiva que presento aquí también nos lleva a preguntarnos cómo influyen las particularidades y las rarezas de cada cerebro en la percepción que tiene cada cual de la «belleza» en un sentido más amplio, aplicable más allá del sexo. ¿Por qué es «bello» un arcoíris? ¿Por qué nos asombra la simple refracción de la luz en bandas de colores? Cabría plantear la misma pregunta ante una obra de arte, o un campo de flores, o un pase ejecutado con maestría en un campo de fútbol. ¿Es posible que algunos de estos perceptos de belleza sean un efecto secundario de nuestra estética sexual? O, por el contrario, ¿podría nuestra apreciación de la belleza en otros ámbitos influir en lo que encontramos sexualmente bello? ¿Qué aspectos de los órganos sensoriales, del cerebro y de nuestra arquitectura cognitiva nos permiten percibir la belleza que nos rodea por todas partes? Y, ¿por qué es tan relevante la belleza?

La belleza seguirá desconcertándonos con su aspecto y sus elementos siempre que nos encontremos con ella, igual que le ocurrió a Darwin, pero desde su época hemos avanzado mucho en el esclarecimiento de cómo se ha producido la evolución de la belleza. A medida que la exploración científica continúe en el futuro sin duda avanzaremos más en nuestra capacidad para desentrañar de qué maneras se va urdiendo la aparición de la belleza, las múltiples manifestaciones que adopta y las apasionadas apreciaciones que suscita.

Notas

Capítulo 1. ¿Por qué tanto alboroto con el sexo?

Epígrafe: Darwin (1860).

1. Ryan (2010).
2. Darwin (1859).
3. Malthus (1798).
4. Slotten (2004).
5. Smith (1990).
6. Darwin (1871).
7. Diamond (1992).
8. Moen, Pastor y Cohen (1999).
9. Emlen (2014).
10. Yoshizawa, Ferreira, Kamimura y Lienhard (2014).
11. Yeung, Anapolski, Depenbusch, Zitzmann y Cooper (2003).

Capítulo 2. ¿A qué vienen tantos gemidos y chasquidos?

Epígrafe: canción popular infantil

1. Simpson (1980).
2. McCullough (2001).
3. Ryan (2006).
4. Ryan (1985; 2011).
5. Collins (2000).
6. Evans, Neave y Wakelin (2006).

7. Buss (1994).
8. Sociedad Zoológica de Londres, https://www.zsl.org/cheetah-fast-facts.
9. Tuttle (2015).
10. Griffin (1958).
11. Bruns, Burda y Ryan (1989).
12. Johnston, Hagel, Franklin, Fink y Grammer (2001).
13. Petrie y Williams (1993).
14. Capranica (1965).
15. Hoke, Burmeister, Fernald, Rand, Ryan y Wilczynski (2004).
16. Wilczynski, Rand y Ryan (2001).
17. Ryan (1990).

Capítulo 3. La belleza y el cerebro

Epígrafe: David Hume

1. Von Uexküll (2014).
2. Internet Archive, https://archive.org/details/drac_stoker.
3. Galambos (1942).
4. Griffin (1958).
5. Nagel (1974).
6. Feng, Narins, Xu, Lin, Yu, Qiu, Xu y Shen (2006).
7. Kurtovic, Widmer y Dickson (2007).
8. Taylor y Ryan (2013).
9. Toda, Zhao y Dickson (2012).
10. Meierjohann y Schartl (2006).
11. Basolo (1990).
12. Jersáková, Johnson y Kindlmann (2006).
13. Zahavi (1975); Zahavi y Zahavi (1997).
14. Silver (2012).
15. Searcy (1992).
16. Ten Cate y Rowe (2007).
17. Ten Cate, Verzijden y Etman (2006).
18. Ryan y Keddy-Hector (1992).
19. Weber (1978).
20. Cohen (1984).
21. Akre, Farris, Lea, Page y Ryan (2011).
22. Heath y Mickle (1960).

23. Kringelbach y Berridge (2012).
24. Administración de Alimentos y Fármacos de Estados Unidos, http://www.fda.gov/NewsEvents/Newsroom/PressAnnouncements/ucm458734.htm.

Capítulo 4. Bellas visiones

Epígrafe: Emerson (1899).

1. Escrito por Pete Townshend, interpretado por The Who, «See Me, Feel Me», *Tommy* (1969).
2. Dunn, Halenar, Davies, Cristóbal-Azkárate, Reby, Sykes, Dengg, Fitch y Knapp (2015).
3. Citado en la *New World Encyclopedia*, http://www.newworldencyclopedia.org/entry/Howler_monkey.
4. Dominy y Lucas (2001).
5. Darwin (1872).
6. Escrita por Lou Reed, interpretada por Velvet Underground: «Sweet Jane», *Loaded* (1970).
7. Changizi (2010).
8. Ewert (1987).
9. Hubel y Wiesel (1962).
10. Rothenberg (2012).
11. Cummings (2007).
12. Magnus (1958).
13. Tuttle (2015).
14. Andersson (1994).
15. Andersson (1982).
16. Møller and Thornhill (1998).
17. Møller (1992).
18. Ryan, Warkentin, McClelland y Wilczynski (1995).
19. Ghirlanda, Jansson y Enquist (2002).
20. Phelps y Ryan (1998).
21. Enquist y Arak (1994).
22. Møller y Swaddle (1997).
23. Charla TED, disponible en: https://www.ted.com/talks/cameron_russell_looks_aren_t_everything_believe_me_i_m_a_model?language=en.
24. Dawkins (2006).

25. Dawkins (1999).
26. Slotten (2004).
27. Diamond (1999).
28. Diamond (1992).
29. Madden y Tanner (2003).
30. Kelley y Endler (2012).
31. Chatterjee (2011).

Capítulo 5. Los sonidos del sexo

Epígrafe: Marler (1998).

1. Tom Harrington, «About Deafness», en «FAQ: Deaf People in History; Quotes by Helen Keller», Gallaudet University Library, febrero de 2000, http://libguides.gallaudet.edu/content.php?pid=352126&sid=2881882.Carson.
2. Carson (1962).
3. Rodríguez-Brenes, Rodríguez, Ibáñez y Ryan (2016).
4. Rodríguez-Brenes, Garza y Ryan (datos inéditos).
5. O'Connor, Fraccaro, Pisanski, Tigue, O'Donnell y Feinberg (2014).
6. Zuk, Rotenberry y Tinghitella (2006).
7. Pascoal, Cezard, Eik-Nes, Gharbi, Majewska, Payne, Ritchie, Zuk y Bailey (2014).
8. O'Connor, Fraccaro, Pisanski, Tigue, O'Donnell y Feinberg (2014).
9. Morton (1975).
10. Hunter y Krebs (1979); Ryan, Cocroft y Wilczynski (1990).
11. Halfwerk, Bot, Buikx, Van der Velde, Komdeur, Ten Cate y Slabbekoorn (2011).
12. Hartshorne (1973).
13. Searcy (1992).
14. Mello, Nottebohm y Clayton (1995).
15. Pfaff, Zanette, MacDougall-Shackleton y MacDougall-Shackleton (2007).
16. Lehrman (1965).
17. Cheng (2008).
18. Earp y Maney (2012).
19. Wyttenbach, May y Hoy (1996).

20. Nakano, Takanashi, Skals, Surlykke y Ishikawa (2010).
21. Proctor (1992).
22. Cui, Tang y Narins (2012).
23. Lardner y bin Lakim (2002).
24. Clark y Feo (2008).
25. Bostwick y Prum (2005).
26. Morton (1977).
27. McConnell (1990).
28. Juslin y Västfjäll (2008).
29. Schubart (1806).
30. Mitchell, DiBartolo, Brown y Barlow (1998).
31. Blood y Zatorre (2001).
32. Menon y Levitin (2005).

Capítulo 6. La fragancia aduladora

Epígrafe: Helen Keller, *The World I Live In*, cap. 6, «Smell: The Fallen Angel», reimpreso en *Ragged Edge Online, 5* (septiembre de 2001): http://www.raggededgemagazine.com/0901/0901ft3-2.htm.

1. Grosjean, Rytz, Farine, Abuin, Cortot, Jefferis y Benton (2011).
2. Seeley (2009).
3. Prosen, Jaeger y Lee (2004).
4. Bradbury y Vehrencamp (2011).
5. Domingue, Haynes, Todd y Baker (2009).
6. Ibíd.
7. Ryan y Rosenthal (2001).
8. Escrita e interpretada por Janis Ian: «Society's Child» (1965), *Between the Lines* (1975).
9. Fisher, Wong y Rosenthal (2006).
10. Meyer, Kircher, Gansauge, Li, Racimo, Mallick, Schraiber, *et al.* (2012).
11. McClintock (1971).
12. Miller (2011).
13. Wedekind, Seebeck, Bettens y Paepke (1995).
14. Garver-Apgar, Gangestad, Thornhill, Miller y Olp (2006).
15. Villinger y Waldman (2008).
16. Vollrath y Milinski (1995).
17. Rodríguez-Brenes, Rodríguez, Ibáñez y Ryan (2016).

18. Schiestl (2005).
19. Burr (2004).
20. Milinski (2006).
21. Milinski (2003).
22. Milinski y Wedekind (2001).

Capítulo 7. Preferencias variables

Epígrafe: Virgilio, *Eneida*, IV, 569-570: «Varium et mutabile semper / femina».

1. Escrita por Baker Knight, interpretada por Mickey Gilley, «Don't the Girls All Get Prettier at Closin' Time», *Gilley's Smokin'* (1976).
2. Pennebaker, Dyer, Caulkins, Litowitz, Ackreman, Anderson y McGraw (1979).
3. Johnco, Wheeler y Taylor (2010).
4. Trivers (2011).
5. Haselton, Mortezaie, Pillsworth, Bleske-Rechek y Frederick (2007).
6. Bryant y Haselton (2009).
7. Wyrobek, Eskenazi, Young, Arnheim, Tiemann-Boege, Jabs, Glaser, Pearson y Evenson (2006).
8. Easton, Confer, Goetz y Buss (2010).
9. Lynch, Rand, Ryan y Wilczynski (2005).
10. Partridge y Farquhar (1981).
11. Lone, Venkataraman, Srivastava, Potdar y Sharma (2015).
12. Lin, Cao, Sethi, Zeng, Chin, Chakraborty, Shepherd, *et al.* (2016).
13. Wiley (1973).
14. Dugatkin (1992).
15. Schlupp, Marler y Ryan (1994).
16. Hill y Ryan (2006).
17. Henrich, Heine y Norenzayan (2010).
18. Sugiyama (2004).
19. Sigall y Landy (1973).
20. Waynforth (2007).
21. Hill y Buss (2008).
22. Jarod Kintz, *This Book Is Not for Sale*, Amazon Digital Services, edición en Kindle, mayo de 2011, http://www.amazon.com/This-Book-SALE-Jarod-Kintz-ebook/dp/B0051OEDDA.

23. Winegard, Winegard y Geary (2013).
24. Kirkpatrick, Rand y Ryan (2006).
25. Courtiol, Raymond, Godelle y Ferdy (2010).
26. Sedikides, Ariely y Olsen (1999).
27. Shafir, Waite y Smith (2002).
28. Lea y Ryan (2015).

Capítulo 8. Preferencias ocultas y la vida en la pornotopía

Epígrafe: Departamento de Defensa de EE.UU.: «DoD News Briefing-Secretary Rumsfeld and Gen. Myers», 12 de febrero de 2002: http://archive.defense.gov/Transcripts/Transcript.aspx ?TranscriptID=2636.

1. Seuss (1988).
2. Rosenthal y Evans (1998).
3. Kirkpatrick y Ryan (1991).
4. Fisher (1930).
5. Ibíd.
6. Lande (1981); Kirkpatrick (1982).
7. Wilkinson y Reillo (1994).
8. Rodd, Hughes, Grether y Baril (2002).
9. John Endler, en comunicación personal.
10. Ryan y Cummings (2013).
11. Christy y Salmon (1991).
12. Ryan, datos inéditos.
13. Ryan y Cummings (2013).
14. Burley y Symanski (1998).
15. Gould, Elliott, Masters y Mukerji (1999).
16. Ryan, Bernal y Rand (2010).
17. Samantha Olson, «Barbie's Body Measurements Set Unrealistic Goals for Little Girls: Sales Plummet», *Medical Daily*, 31 de diciembre de 2014: http://www.medicaldaily.com/pulse/barbies-body-measurements-set-unrealistic-goals-little-girls-sales-plummet-316006.
18. *Forbes*: http://www.forbes.com/pictures/eimi45mdj/no-1-gisele-bndchen/#7ed 42a453c02.
19. Prescott (2012).
20. Marcus (2008).
21. Salmon (2012).

22. Asociación Estadounidense de Siquiatría (American Psychiatric Association, APA) (2013).
23. Lowenstein (2002).
24. Köksal, Domjan, Kurt, Sertel, Örüng, Bowers y Kumru (2004).
25. Ibíd.
26. Aharon, Etcoff, Ariely, Chabris, O'Connor y Breiter (2001).
27. Georgiadis (2012).
28. Hald (2006).
29. Hilton (2013).
30. Turella, Pierno, Tubaldi y Castiello (2009).
31. Wolf (2003).

Bibliografía

Aharon, I., Etcoff, N., Ariely, D., Chabris, C. F., O'Connor, E., y Breiter, H. C. (2001). «Beautiful faces have variable reward value: fMRI and behavioral evidence». *Neuron*, 32: 537-51.

Akre, K. L., Farris, H. E., Lea, A. M., Page, R. A., y Ryan, M. J. (2011). «Signal perception in frogs and bats and the evolution of mating signals». *Science*, 333: 751-52.

American Psychiatric Association (2013). *Diagnostic and Statistical Manual of Mental Disorders (DSM-5)*. Washington, DC: American Psychiatric Association Publishing. Versión en castellano: *DSM-5. Manual Diagnóstico y Estadístico de los Trastornos Mentales*, 5.ª edición de la Asociación Estadounidense de Siquiatría (APA); Ciudad de México: Editorial Médica Panamericana, 2014, VV. TT.

Andersson, M. (1982). «Female choice selects for extreme tail length in a widowbird». *Nature*, 299: 818-820.

—(1994). *Sexual Selection*. Princeton, NJ: Princeton University Press.

Basolo, A. L. (1990). «Female preference predates the evolution of the sword in swordtail fish». *Science*, 250: 808-10.

Blood, A. J., y Zatorre, R. J. (2001). «Intensely pleasurable responses to music correlate with activity in brain regions implicated in reward and emotion». *Proceedings of the National Academy of Sciences of the United States of America*, 98: 818-23.

Bostwick, K. S., y Prum, R. O. (2005). «Courting bird sings with stridulating wing feathers». *Science*, 309: 736.

Bradbury, J. W., y Vehrencamp, S. L. (2011). *Principles of Animal Communication*. Sunderland, MA: Sinauer Associates.

Bruns, V., Burda, H., y Ryan, M. J. (1989). «Ear morphology of the frog-eating bat (*Trachops cirrhosus*, family: Phyllostomidae): Apparent specializations for low-frequency hearing». *Journal of Morphology*, 199: 103-18.

Bryant, G. A., y Haselton, M. G. (2009). «Vocal cues of ovulation in human females». *Biology Letters*, 5: 12-15.

Burley, N. T., y Symanski, R. (1998). «"A taste for the beautiful": Latent aesthetic mate preferences for white crests in two species of Australian grassfinches». *American Naturalist*, 152: 792-802.

Burr, C. (2004). *The Emperor of Scent: A True Story of Perfume and Obsession.* Nueva York: Random House.

Buss, D. M. (1994). *The Evolution of Desire.* Nueva York: Basic Books. Versión en castellano: *La evolución del deseo: estrategias del emparejamiento humano*; Madrid: Alianza Editorial, 2004, trad. de Celina González.

Capranica, R. R. (1965). *The Evoked Vocal Response of the Bullfrog.* MIT Press Research Monograph, núm. 33. Cambridge, MA: MIT Press.

Carson, R. (1962). *Silent Spring.* Greenwich, CT: Fawcett Publications. Versión en castellano: *Primavera Silenciosa;* Barcelona: Crítica, 2013, trad. de Joandomènec Ros.

Changizi, M. (2010). *The Vision Revolution: How the Latest Research Overturns Everything We Thought We Knew about Human Vision.* Dallas, TX: Benbella Books.

Chatterjee, A. (2011). «Neuroaesthetics: A coming of age story». *Journal of Cognitive Neuroscience*, 23: 53-62.

Cheng, M.-F. (2008). «The role of vocal self-stimulation in female responses to males: Implications for state-reading». *Hormones and Behavior*, 53: 1-10.

Christy, J. H., y Salmon, M. (1991). «Comparative studies of reproductive behavior in mantis shrimps and fiddler crabs». *American Zoologist*, 31: 329-37.

Clark, C. J., y Feo, T. J. (2008). «The Anna's hummingbird chirps with its tail: A new mechanism of sonation in birds». *Proceedings of the Royal Society of London B: Biological Sciences*, 275: 955-62.

Cohen, J. (1984). «Sexual selection and the psychophysics of female choice». *Zeitschrift für Tierpsychologie*, 64: 1-8.

Collins, S. A. (2000). «Men's voices and women's choices». *Animal Behaviour*, 60: 773-80.

Courtiol, A., Raymond, M., Godelle, B., y Ferdy, J. B. (2010). «Mate choice and human stature: Homogamy as a unified framework for understanding mating preferences». *Evolution*, 64: 2189-203.

Cui, J., Tang, Y., y Narins, P. M. (2012). «Real estate ads in Emei music frog vocalizations: Female preference for calls emanating from burrows». *Biology Letters*, 8: 337-40.

Cummings, M. E. (2007). «Sensory trade-offs predict signal divergence in surfperch». *Evolution* 61: 530-45.

Darwin, C. (1859). *On the Origin of Species.* Londres: J. Murray. Versión en castellano: *El origen de las especies por medio de la selección natural*; Madrid: Alianza Editorial, 2009, trad. de Antonio de Zulueta.

— (1860). Charles Darwin a Asa Gray, 3 de abril. Darwin Correspondence Project, Cambridge University. http://www.darwinproject.ac.uk/letter/?docId=letters/DCP-LETT-2743.xml;query=2743;brand=default.

— (1871). *The Descent of Man and Selection in Relation to Sex.* Londres: J. Murray. Versión en castellano: *El origen del hombre y la selección en relación al sexo*; Barcelona: Crítica, 2009, trad. de Joandomènec Ros.

— (1872). *The Expression of the Emotions in Man and Animals.* Londres: J. Murray. Versión en castellano: *La expresión de las emociones*; Pamplona: Laetoli, 2009, trad. de Xavier Bellés.

Dawkins, R. (1999). *The Extended Phenotype: The Long Reach of the Gene.* Oxford: Oxford Paperbacks. Versión en castellano: *El fenotipo extendido*; Madrid: Capitán Swing, 2017, trad. de Pedro Pacheco González.

— (2006). *The Selfish Gene.* Oxford: Oxford University Press. Versión en castellano: *El gen egoísta*; Barcelona: Salvat Editores, 2014, trad. de Juana Robles Suárez y José Manuel Tola Alonso.

Diamond, J. (1992). *The Third Chimpanzee.* Nueva York: HarperCollins. Versión en castellano: *El tercer chimpancé*; Barcelona: Debate, 2006, trad. de María Corniero.

— (1999). *Guns, Germs, and Steel: The Fates of Human Societies.* Nueva York: W. W. Norton. Versión en castellano: *Armas, gérmenes y acero*; Barcelona: Debolsillo, 2007, trad. de Fabián Chueca.

Domingue, M. J., Haynes, K. F., Todd, J. L., y Baker, T. C. (2009). «Altered olfactory receptor neuron responsiveness is correlated with a shift in behavioral response in an evolved colony of the cabbage looper moth», *Trichoplusia ni. Journal of Chemical Ecology*, 35: 405-15.

Dominy, N. J., y Lucas, P. W. (2001). «Ecological importance of trichromatic vision to primates». *Nature*, 410: 363-66.

Dugatkin, L. A. (1992). «Sexual selection and imitation: Females copy the mate choice of others». *American Naturalist*, 139: 1384-89.

Dunn, J. C., Halenar, L. B., Davies, T. G., Cristobal-Azkarate, J., Reby, D., Sykes, D., Dengg, S., Fitch, W. T., y Knapp, L. A. (2015). «Evolutionary trade-off between vocal tract and testes dimensions in howler monkeys». *Current Biology*, 25: 2839-44.

Earp, S. E., y Maney, D. L. (2012). «Birdsong: Is it music to their ears?». *Frontiers in Evolutionary Neuroscience*, 4: 14.

Easton, J. A., Confer, J. C., Goetz, C. D., y Buss, D. M. (2010). «Reproduction expediting: Sexual motivations, fantasies, and the ticking biological clock». *Personality and Individual Differences*, 49: 516-20.

Emerson, R. W. (1899). *The Early Poems of Ralph Waldo Emerson*: T. Y. Crowell and Co. Google Books. https://books.google.com/books?hl=en&lr=&id=YFARAAAAYAAJ&oi=fnd&pg=PA1&dq=If+eyes+were+made+for+seeing,+Then+Beauty+is+its+own+excuse+for+being+Emerson+1899+&ots=X7se7ZSdQv&sig=K-hrqu vmuqY8wRdkZr-2qKe4ZTF U#v=onepage&q&f=false.

Emlen, D. J. (2014). *Animal Weapons: The Evolution of Battle*. Nueva York: Henry Holt.

Enquist, M., y Arak, A. (1994). «Symmetry, beauty and evolution». *Nature*, 372: 169-70.

Evans, S., Neave, N., y Wakelin, D. (2006). «Relationships between vocal characteristics and body size and shape in human males: An evolutionary explanation for a deep male voice». *Biological Psychology*, 72: 160-63.

Ewert, J.-P. (1987). «Neuroethology of releasing mechanisms: Prey-catching in toads». *Behavioral and Brain Sciences*, 10: 337-68.

Feng, A. S., Narins, P. M., Xu, C.-H., Lin, W.-Y., Yu, Z.-L., Qiu, Q., Xu, Z.-M., y Shen, J.-X. (2006). «Ultrasonic communication in frogs». *Nature*, 440: 333-36.

Fisher, H. S., Wong, B. B., and Rosenthal, G. G. (2006). «Alteration of the chemical environment disrupts communication in a freshwater fish». *Proceedings of the Royal Society of London B: Biological Sciences*, 273: 1187-93.

Fisher, R. A. (1930). *The Genetical Theory of Natural Selection*. Oxford: Oxford University Press.

Galambos, R. (1942). «The avoidance of obstacles by flying bats: Spallanzani's ideas (1794) and later theories». *Isis*, 34: 132-40.

Garver-Apgar, C. E., Gangestad, S. W., Thornhill, R., Miller, R. D., y Olp, J. J. (2006). «Major histocompatibility complex alleles, sexual responsivity, and unfaithfulness in romantic couples». *Psychological Science*, 17: 830-35.

Georgiadis, J. R. (2012). «Doing it... wild? On the role of the cerebral cortex in human sexual activity». *Socioaffective Neuroscience and Psychology*, 2: 17,337. doi: 10.3402/snp.v2i0.17337.

Ghirlanda, S., Jansson, L., y Enquist, M. (2002). «Chickens prefer beautiful humans». *Human Nature*, 13: 383-89.

Gould, J. L., Elliott, S. L., Masters, C. M., y Mukerji, J. (1999). «Female preferences in a fish genus without female mate choice». *Current Biology*, 9: 497-500.

Griffin, D. (1958). *Listening in the Dark: The Acoustic Orientation of Bats and Men*. New Haven, CT: Yale University Press.

Grosjean, Y., Rytz, R., Farine, J.-P., Abuin, L., Cortot, J., Jefferis, G. S., y Benton, R. (2011). «An olfactory receptor for food-derived odours promotes male courtship in *Drosophila*». *Nature*, 478: 236-40.

Hald, G. M. (2006). «Gender differences in pornography consumption among young heterosexual Danish adults». *Archives of Sexual Behavior*, 35: 577-85.

Halfwerk, W., Bot, S., Buikx, J., Van der Velde, M., Komdeur, J., Ten Cate, C., y Slabbekoorn, H. (2011). «Low-frequency songs lose their potency in noisy urban conditions». *Proceedings of the National Academy of Sciences of the United States of America*, 108: 549-54.

Hartshorne, C. (1973). *Born to Sing*. Bloomington: Indiana University Press.

Haselton, M. G., Mortezaie, M., Pillsworth, E. G., Bleske-Rechek, A., y Frederick, D. A. (2007). «Ovulatory shifts in human female ornamentation: Near ovulation, women dress to impress». *Hormones and Behavior*, 51: 40-45.

Heath, R. G., y Mickle, W. A. (1960). «Evaluation of seven years' experience with depth electrode studies in human patients». En Ramey, E. R., y O'Doherty, D. editores, *Electrical Studies of the Unanesthetized Brain*. Nueva York: Paul B. Hoeber.

Henrich, J., Heine, S., y Norenzayan, A. (2010). «The weirdest people in the world?». *Behavioral and Brain Sciences*, 33: 61-83.

Hill, S. E., y Buss, D. M. (2008). «The mere presence of opposite-sex others on judgments of sexual and romantic desirability: Opposite effects for men and women». *Personality and Social Psychology Bulletin*, 34: 635-47.

Hill, S. E., y Ryan, M. J. (2006). «The role of model female quality in the mate choice copying behaviour of sailfin mollies». *Biology Letters*, 2: 203-5.

Hilton, D. L. (2013). «Pornography addiction – a supranormal stimulus considered in the context of neuroplasticity». *Socioaffective Neuroscience and Psychology*, 3: 20.767. doi: 10.3402/snp.v3i0.20767.

Hoke, K. L., Burmeister, S. S., Fernald, R. D., Rand, A. S., Ryan, M. J., y Wilczynski, W. (2004). «Functional mapping of the auditory midbrain during mate call reception». *Journal of Neuroscience*, 24: 11.264-72.

Hubel, D. H., y Wiesel, T. N. (1962). «Receptive fields, binocular interaction and functional architecture in the cat's visual cortex». *Journal of Physiology*, 160: 106-54.

Hume, D. (1742). *David Hume's Essays, Moral and Political, 1742.* Localizador de frases célebres. http: //www.phrases.org.uk/meanings/beauty-is-in-the-eye-of-the-beholder.html.

Hunter, M. L., y Krebs, J. R. (1979). «Geographical variation in the song of the great tit (*Parus major*) in relation to ecological factors». *Journal of Animal Ecology*, 48: 759-85.

Jersáková, J., Johnson, S. D., y Kindlmann, P. (2006). «Mechanisms and evolution of deceptive pollination in orchids». *Biological Reviews*, 81: 219-35.

Johnco, C., Wheeler, L., y Taylor, A. (2010). «They do get prettier at closing time: A repeated measures study of the closing-time effect and alcohol». *Social Influence*, 5: 261-71.

Johnston, V. S., Hagel, R., Franklin, M., Fink, B., y Grammer, K. (2001). «Male facial attractiveness: Evidence for hormone-mediated adaptive design». *Evolution and Human Behavior*, 22: 251-67.

Juslin, P. N., y Västfjäll, D. (2008). «Emotional responses to music: The need to consider underlying mechanisms». *Behavioral and Brain Sciences*, 31: 559-75.

Kelley, L. A., y Endler, J. A. (2012). «Illusions promote mating success in great bowerbirds. *Science*, 335: 335-38.

Kirkpatrick, M. (1982). «Sexual selection and the evolution of female choice». *Evolution*, 36: 1-12.

Kirkpatrick, M., Rand, A. S., y Ryan, M. J. (2006). «Mate choice rules in animals». *Animal Behaviour*, 71: 1215-25.

Kirkpatrick, M., y Ryan, M. J. (1991). «The paradox of the lek and the evolution of mating preferences». *Nature*, 350: 33-38.

Köksal, F., Domjan, M., Kurt, A., Sertel, Ö., Örüng, S., Bowers, R., y Kumru, G. (2004). «An animal model of fetishism». *Behaviour Research and Therapy*, 42: 1421-34.

Kringelbach, M. L., y Berridge, K. C. (2012). «The joyful mind». *Scientific American*, 307: 40-45.

Kurtovic, A., Widmer, A., y Dickson, B. J. (2007). «A single class of olfactory neurons mediates behavioural responses to a *Drosophila* sex pheromone». *Nature*, 446: 542-46.

Lande, R. (1981). «Models of speciation by sexual selection on polygenic traits». *Proceedings of the National Academy of Sciences of the United States of America*, 78: 3721-25.

Lardner, B., y bin Lakim, M. (2002). «Animal communication: Tree-hole frogs exploit resonance effects». *Nature*, 420: 475.

Lea, A. M., y Ryan, M. J. (2015). «Irrationality in mate choice revealed by túngara frogs». *Science*, 349: 964-66.

Lehrman, D. S. (1965). «Interaction between internal and external environments in the regulation of the reproductive cycle of the ring dove». En Beach, F. A., editor, *Sex and Behavior*, 355-80. Nueva York: Wiley.

Levitin, D. J. (2011). *This Is Your Brain on Music: Understanding a Human Obsession*. Londres: Atlantic Books.

Lin, H.-H., Cao, D.-S., Sethi, S., Zeng, Z., Chin, J. S., Chakraborty, T. S., Shepherd, A. K., *et al.* (2016). «Hormonal modulation of pheromone detection enhances male courtship success». *Neuron*, 90: 1272-85.

Lone, S. R., Venkataraman, A., Srivastava, M., Potdar, S., y Sharma, V. K. (2015). «*Or47b*-neurons promote male-mating success in *Drosophila*». *Biology Letters*, 11. doi: 10.1098/rsbl.2015.0292.

Lowenstein, L. (2002). «Fetishes and their associated behavior». *Sexuality and Disability*, 20: 135-47.

Lynch, K. S., Rand, A. S., Ryan, M. J., y Wilczynski, W. (2005). «Reproductive state influences female plasticity in mate choice». *Animal Behaviour*, 69: 689-99.

Madden, J. R., y Tanner, K. (2003). «Preferences for coloured bower decorations can be explained in a nonsexual context». *Animal Behaviour*, 65: 1077-83.

Magnus, D. (1958). «Experimentelle Untersuchungen zur Bionomie und Ethologie des aisermantels *Argynnis paphia* Girard (*Lep. Nymph.*)». *Zeitschrift für Tierpsychologie*, 15: 397-426.

Malthus, T. (1798). *An Essay on the Principle of Population, as It Affects the Future Improvement of Society with Remarks on the Speculations of Mr. Godwin, M. Condorcet, and Other Writers*. Londres: Impreso para J. Johnson en St. Paul's Church-Yard. Versión en castellano: *Ensayo sobre el principio de la población*; Madrid: Akal, 1990, trad. de José A. Moral Santín.

Marcus, S. (2008). *The Other Victorians: A Study of Sexuality and Pornography in Mid-Nineteenth-Century England*. New Brunswick, NJ: Transaction Publishers.

Marler, P. (1998). «Animal communication and human language». En Jablonski, N. G., y Aiello, L. C., editores, *The Origins and Diversification of Language*, 1-19. San Francisco: California Academy of Sciences.

McClintock, M. K. (1971). «Menstrual synchrony and suppression». *Nature*, 229: 244-45.

McConnell, P. B. (1990). «Acoustic structure and receiver response in domestic dogs, *Canis familiaris*». *Animal Behaviour*, 39: 897-904.

McCullough, D. (2001). *The Path between the Seas: The Creation of the Panama Canal, 1870-1914*. Nueva York: Simon and Schuster. Versión en castellano: *Un camino entre dos mares: la creación del Canal de Panamá (1870-1914)*; Barcelona: S.L.U. Espasa Libros, 2014, trad. de Carmen Martínez Gimeno.

Meierjohann, S., y Schartl, M. (2006). «From Mendelian to molecular genetics: The *Xiphophorus* melanoma model». *Trends in Genetics*, 22: 654-61.

Mello, C., Nottebohm, F., y Clayton, D. (1995). «Repeated exposure to one song leads to a rapid and persistent decline in an immediate early gene's response to that song in zebra finch telencephalon». *Journal of Neuroscience*, 15: 6919-25.

Menon, V., y Levitin, D. J. (2005). «The rewards of music listening: Response and physiological connectivity of the mesolimbic system». *Neuroimage*, 28: 175-84.

Meyer, M., Kircher, M., Gansauge, M.-T., Li, H., Racimo, F., Mallick, S., Schraiber, J. G., *et al.* (2012). «A high-coverage genome sequence from an archaic Denisovan individual». *Science*, 338: 222-26.

Milinski, M. (2003). «Perfumes». En Voland, E., y K. Grammer, K., editores, *Evolutionary Aesthetics*, 325-39. Berlín: Springer.

—(2006). «The major histocompatibility complex, sexual selection, and mate choice». *Annual Review of Ecology, Evolution, and Systematics*, 37: 159-86.

Milinski, M., y Wedekind, C. (2001). «Evidence for MHC-correlated perfume preferences in humans». *Behavioral Ecology*, 12: 140-49.

Miller, G. (2011). *The Mating Mind: How Sexual Choice Shaped the Evolution of Human Nature*. Nueva York: Anchor.

Mitchell, W. B., DiBartolo, P. M., Brown, T. A., y Barlow, D. H. (1998). «Effects of positive and negative mood on sexual arousal in sexually functional males». *Archives of Sexual Behavior*, 27: 197-207.

Moen, R. A., Pastor, J., y Cohen, Y. (1999). «Antler growth and extinction of Irish elk». *Evolutionary Ecology Research*, 1: 235-49.

Møller, A. P. (1992). «Female swallow preference for symmetrical males». *Nature*, 357: 238-40.

Møller, A. P., y Swaddle, J. P. (1997). *Asymmetry, Developmental Stability and Evolution*. Oxford: Oxford University Press.

Møller, A. P., y Thornhill, R. (1998). «Bilateral symmetry and sexual selection: A meta-analysis». *American Naturalist*, 151: 174-92.

Morton, E. S. (1975). «Ecological sources of selection on avian sounds». *American Naturalist*, 109: 17-34.

— (1977). «On the occurrence and significance of motivation-structural rules in some bird and mammal sounds». *American Naturalist*, 111: 855-69.

Nagel, T. (1974). «What is it like to be a bat?». *Philosophical Review*, 83: 435-50.

Nakano, R., Takanashi, T., Skals, N., Surlykke, A., y Ishikawa, Y. (2010). «To females of a noctuid moth, male courtship songs are nothing more than bat echolocation calls». *Biology Letters*, 6: 582-84.

O'Connor, J. J., Fraccaro, P. J., Pisanski, K., Tigue, C. C., O'Donnell, T. J., y Feinberg, D. R. (2014). «Social dialect and men's voice pitch influence women's mate preferences». *Evolution and Human Behavior*, 35: 368-75.

Partridge, L., y Farquhar, M. (1981). «Sexual activity reduces lifespan of male fruit flies». *Nature*, 294: 580-82.

Pascoal, S., Cezard, T., Eik-Nes, A., Gharbi, K., Majewska, J., Payne, E., Ritchie, M. G., Zuk, M., y Bailey, N. W. (2014). «Rapid convergent evolution in wild crickets». *Current Biology*, 24: 1369-74.

Pennebaker, J., Dyer, M., Caulkins, R., Litowitz, D., Ackreman, P., Anderson, D., y McGraw, K. (1979). «Don't the girls get prettier at closing time? A country and western application to psychology». *Personality and Social Psychology Bulletin*, 5: 122-25.

Petrie, M., y Williams, A. (1993). «Peahens lay more eggs for peacocks with larger trains». *Proceedings of the Royal Society of London B: Biological Sciences*, 251: 127-31.

Pfaff, J. A., Zanette, L., MacDougall-Shackleton, S. A., y MacDougall-Shackleton, E. A. (2007). «Song repertoire size varies with HVC volume and is indicative of male quality in song sparrows (*Melospiza melodia*)». *Proceedings of the Royal Society of London B: Biological Sciences*, 274: 2035-40.

Phelps, S. M., y Ryan, M. J. (1998). «Neural networks predict response biases in female túngara frogs». *Proceeding of the Royal Society of London B: Biological Sciences*, 265: 279-85.

Prescott, J. W. (2012). «Perspective 6: Nurturant versus nonnurturant environments and the failure of the environment of evolutionary adaptedness». En Narváez, D., Panksepp, J., Schore, A. N., y Gleason, T. R. editores., *Evolution, Early Experience and Human Development: From Research to Practice and Policy*, 427-38. Oxford: Oxford University Press.

Proctor, H. C. (1992). «Sensory exploitation and the evolution of male mating behaviour: A cladistic test using water mites (Acari: Parasitengona)». *Animal Behaviour*, 44: 745-52.

Prosen, E. D., Jaeger, R. G., y Lee, D. R. (2004). «Sexual coercion in a territorial salamander: Females punish socially polygynous male partners». *Animal Behaviour*, 67: 85-92.

Rodd, F. H., Hughes, K. A., Grether, G. F., y Baril, C.T. (2002). «A possible non-sexual origin of mate preference: Are male guppies mimicking fruit?». *Proceedings of the Royal Society of London B: Biological Sciences*, 269: 475-81.

Rodríguez-Brenes, S., Rodriguez, D., Ibáñez, R., y Ryan, M. J. (2016). «Amphibian chytrid fungus spreads across lowland populations of túngara frogs in Panamá». *PLoS One*, 11 (5): e0155745.

Rosenthal, G. G., y Evans, C. S. (1998). «Female preference for swords in *Xiphophorus helleri* reflects a bias for large apparent size». *Proceedings of the National Academy of Sciences of the United States of America*, 85: 4431-36.

Rothenberg, D. (2012). *Survival of the Beautiful: Art, Science, and Evolution.* Londres: A & C Black.

Ryan, M. J. (1985). *The Túngara Frog: A Study in Sexual Selection and Communication.* Chicago: University of Chicago Press.
—(1990). «Sensory systems, sexual selection, and sensory exploitation». *Oxford Surveys in Evolutionary Biology*, 7: 157-95.
—(2006). «Profile: A. Stanley Rand (1932-2005)». *Iguana*, 13: 43-46.
—(2010). «An improbable path». En Drickamer, L., y Dewsbury, D., editores, *Leaders in Animal Behavior: The Second Generation*, 465-96. Cambridge: Cambridge University Press.
—(2011). «Sexual selection: A tutorial from the túngara frog». En Losos, J. B., editor, *In Light of Evolution: Essays from the Laboratory and the Field*, 18-203. Greenwood Village, CO: Ben Roberts and Co.
Ryan, M. J., Bernal, X. E., y Rand, A. S. (2010). «Female mate choice and the potential for ornament evolution in túngara frogs, *Physalaemus pustulosus*». *Current Zoology*, 56: 343-57.
Ryan, M. J., Cocroft, R. B., y Wilczynski, W. (1990). «The role of environmental selection in intraspecific divergence of mate recognition signals in the cricket frog, *Acris crepitans*». *Evolution*, 44: 1869-72.
Ryan, M. J., y Cummings, M. E. (2013). «Perceptual biases and mate choice». *Annual Review of Ecology, Evolution, and Systematics*, 44: 437-59.
Ryan, M. J., y Keddy-Hector, A. (1992). «Directional patterns of female mate choice and the role of sensory biases». *American Naturalist*, 139: S4-S35.
Ryan, M. J., y Rosenthal, G. G. (2001). «Variation and selection in swordtails». En Dugatkin, L. A., editor, *Model Systems in Behavioral Ecology*, 133-48. Princeton, NJ: Princeton University Press.
Ryan, M. J., Warkentin, K. M., McClelland, B. E., y Wilczynski, W. (1995). «Fluctuating asymmetries and advertisement call variation in the cricket frog, *Acris crepitans*». *Behavioral Ecology*, 6: 124-31.
Salmon, C. (2012). «The pop culture of sex: An evolutionary window on the worlds of pornography and romance». *Review of General Psychology*, 16: 152.
Schiestl, F. P. (2005). «On the success of a swindle: Pollination by deception in orchids». *Naturwissenschaften*, 92: 255-64.
Schlupp, I., Marler, C. A., y Ryan, M. J. (1994). «Benefit to male sailfin mollies of mating with heterospecific females». *Science*, 263: 373-74.
Schubart, C.F.D. (1806). *Ideen zu einer Ästhetik der Tonkunst.* Viena: Degen Verlag. [Los textos de Schubart que se citan aquí son una traducción directa de la obra original en alemán. Los fragmentos de Schubart

que se citan en la obra original en inglés de Ryan proceden de la traducción al inglés de esta obra alemana: Steblin, R. K. (2002). *History of Key Characteristics in the Eighteenth and Early Nineteenth Centuries.* Rochester, Nueva York: University of Rochester Press].

Searcy, W. A. (1992). «Song repertoire and mate choice in birds». *American Zoologist*, 32: 71-80.

Sedikides, C., Ariely, D., y Olsen, N. (1999). «Contextual and procedural determinants of partner selection: Of asymmetric dominance and prominence». *Social Cognition*, 17: 118-39.

Seeley, T. D. (2009). *The Wisdom of the Hive: The Social Physiology of Honey Bee Colonies.* Cambridge, MA: Harvard University Press.

Seuss, Dr. (1988). *Green Eggs and Ham.* New York: Beginner Books / Random House. Versión en castellano: *Huevos verdes con jamón*; Barcelona: Beascoa, 2015, trad. de María Serna Aguirre.

Shafir, S., Waite, T. A., y Smith, B. H. (2002). «Context-dependent violations of rational choice in honeybees (*Apis mellifera*) and gray jays (*Perisoreus canadensis*)». *Behavioral Ecology and Sociobiology*, 51: 180-87.

Sigall, H., y Landy, D. (1973). «Radiating beauty: Effects of having a physically attractive partner on person perception». *Journal of Personality and Social Psychology*, 28: 218.

Silver, N. (2012). *The Signal and the Noise: Why So Many Predictions Fail – but Some Don't.* Nueva York: Penguin. Versión en castellano: *La señal y el ruido: cómo navegar por la maraña de datos que nos inunda, localizar los que son relevantes y utilizarlos para elaborar predicciones infalibles*; Barcelona: Ediciones Península, 2014; trad. de Carles Andreu Saburit y Carmen Villalba Ruiz.

Simpson, G. G. (1980). *Splendid Isolation: The Curious History of South American Mammals.* New Haven, CT: Yale University Press.

Slotten, R. A. (2004). *The Heretic in Darwin's Court: The Life of Alfred Russel Wallace.* Nueva York: Columbia University Press.

Smith, F. (1990). «Charles Darwin's ill health». *Journal of the History of Biology*, 23: 443-59.

Sugiyama, L. S. (2004). «Is beauty in the context-sensitive adaptations of the beholder? Shiwiar use of waist-to-hip ratio in assessments of female mate value». *Evolution and Human Behavior*, 25: 51-62.

Taylor, C. R., y Rowntree, V. (1973). «Temperature regulation and heat balance in running cheetahs: A strategy for sprinters?». *American Journal of Physiology-Legacy Content*, 224: 848-51.

Taylor, R., y Ryan, M. (2013). «Interactions of multisensory components perceptually rescue túngara frog mating signals». *Science*, 341: 273-74.

ten Cate, C., y Rowe, C. (2007). «Biases in signal evolution: Learning makes a difference». *Trends in Ecology and Evolution*, 22: 380-87.

ten Cate, C., Verzijden, M. N., y Etman, E. (2006). «Sexual imprinting can induce sexual preferences for exaggerated parental traits». *Current Biology*, 16: 1128-32.

Toda, H., Zhao, X., y Dickson, B. J. (2012). «The *Drosophila* female aphrodisiac pheromone activates *ppk*23+ sensory neurons to elicit male courtship behavior». *Cell Reports*, 1: 599-607.

Trivers, R. (2011). *Deceit and Self-Deception: Fooling Yourself the Better to Fool Others*. Londres: Penguin. Versión en castellano: *La insensatez de los necios. La lógica del engaño y el autoengaño en la vida humana*; Móstoles: Katz, 2013; trad. de Santiago Foz.

Turella, L., Pierno, A. C., Tubaldi, F., y Castiello, U. (2009). «Mirror neurons in humans: Consisting or confounding evidence?». *Brain and Language*, 108: 10-21.

Tuttle, M. (2015). *The Secret Lives of Bats: My Adventures with the World's Most Misunderstood Mammals*. Boston: Houghton Mifflin Harcourt.

Villinger, J., y Waldman, B. (2008). «Self-referent MHC type matching in frog tadpoles». *Proceedings of the Royal Society of London B: Biological Sciences*, 275: 1225-30.

Vollrath, F., y Milinski, M. (1995). «Fragrant genes help Damenwahl». *Trends in Ecology and Evolution*, 10: 307-8.

Von Uexküll, J. (2014). *Umwelt und Innenwelt der Tiere*. Berlín: Springer-Verlag.

Waynforth, D. (2007). «Mate choice copying in humans». *Human Nature*, 18: 264-71.

Weber, E. H. (1978). *E. H. Weber: The Sense of Touch*. Cambridge: Academic Press.

Wedekind, C., Seebeck, T., Bettens, F., y Paepke, A. J. (1995). «MHC-dependent mate preferences in humans». *Proceedings of the Royal Society of London B: Biological Sciences*, 260: 245-49.

Wilczynski, W., Rand, A. S., y Ryan, M. J. (2001). «Evolution of calls and auditory tuning in the *Physalaemus pustulosus* species group». *Brain, Behavior and Evolution*, 58: 137-51.

Wiley, R. H. (1973). «Territoriality and non-random mating in sage grouse, *Centrocercus urophasianus*». *Animal Behaviour Monographs*, 6: 85-169.

Wilkinson, G. S., y Reillo, P. R. (1994). «Female choice response to artificial selection on an exaggerated male trait in a stalk-eyed fly». *Proceedings of the Royal Society of London B: Biological Sciences*, 255: 1-6.

Winegard, B. M., Winegard, B., y Geary, D. C. (2013). «If you've got it, flaunt it: Humans flaunt attractive partners to enhance their status and desirability». *PLoS One*, 8: e72000.

Wolf, N. (2003). «The porn myth». *New York Magazine*, 20 octubre.

Wyrobek, A. J., Eskenazi, B., Young, S., Arnheim, N., Tiemann-Boege, I., Jabs, E., Glaser, R. L., Pearson, F. S., y Evenson, D. (2006). «Advancing age has differential effects on DNA damage, chromatin integrity, gene mutations, and aneuploidies in sperm.» *Proceedings of the National Academy of Sciences of the United States of America*, 103: 9601-6.

Wyttenbach, R. A., May, M. L., y Hoy, R. R. (1996). «Categorical perception of sound frequency by crickets». *Science*, 273: 1542-44.

Yeung, C., Anapolski, M., Depenbusch, M., Zitzmann, M., y Cooper, T. (2003). «Human sperm volume regulation: Response to physiological changes in osmolality, channel blockers and potential sperm osmolytes». *Human Reproduction*, 18: 1029-36.

Yoshizawa, K., Ferreira, R. L., Kamimura, Y., y Lienhard, C. (2014). «Female penis, male vagina, and their correlated evolution in a cave insect». *Current Biology*, 24: 1006-10.

Zahavi, A. (1975). «Mate selection: A selection for a handicap». *Journal of Theoretical Biology*, 53: 205-14.

Zahavi, A., y Zahavi, A. (1997). *The Handicap Principle: A Missing Piece of Darwin's Puzzle.* Oxford: Oxford University Press.

Zuk, M., Rotenberry, J. T., y Tinghitella, R. M. (2006). «Silent night: Adaptive disappearance of a sexual signal in a parasitized population of field crickets». *Biology Letters*, 2: 521-24.

Índice alfabético